AF464314

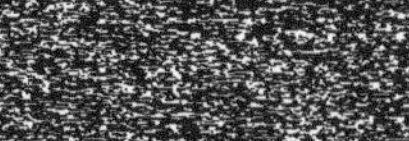

V

PROJET
DE
PERFECTIONNEMENT
DE LA
NAVIGATION DE LA SAÔNE,
DEPUIS GRAY JUSQU'À CHALONS,

PAR M. J. CORDIER,
DÉPUTÉ DE L'AIN.

À PARIS,
DE L'IMPRIMERIE DE LACHEVARDIÈRE,
RUE DU COLOMBIER, N° 30.

1834.

PROPOSITION.

La compagnie autorisée, par ordonnance royale en date du 11 juillet 1827, à dresser les projets de perfectionnement de la Saône, s'engage :

1° A exécuter les 7 barrages entre Châlons et Gray, et à écluser le pont des Chavannes à Châlons et deux arches du pont de Châlons.

2° A donner 100 mètres à la partie fixe de chaque barrage à l'aval d'Auxonne, et 80 mètres à l'amont ; à élever le couronnement de chaque barrage à 2 mètres au-dessus de l'étiage ; à établir 5 ou 3 écluses de chaque côté du barrage, et sur l'une des rives, comme il est indiqué sur le plan, un canal de dérivation ayant 5 ou 3 passages ou écluses de garde à l'amont, et à l'aval un sas de 12 mètres entre les bajoyers et de 50 mètres de longueur pour donner passage aux bateaux à vapeur, et de chaque côté des écluses pour le passage des trains et l'alimentation des usines.

3° A construire le barrage et écluses en maçonnerie avec mortier de chaux et ciment.

4° A dépenser une somme de 1,000,000 fr. pour élever les chemins de halage partout à 3 mètres au-dessus de l'étiage, pour construire des ponts en bois sur les affluens de la Saône du côté des chemins de halage; et aussi pour établir des décharges et vannes de prise d'eau.

5° La compagnie exécutera tous les ouvrages compris dans l'article 4, conformément aux instructions données par l'administration et au prix des détails estimatifs, des semblables ouvrages adjugés dans les départemens ; sans qu'on puisse exiger de la compagnie concessionnaire de dépenser au-delà de ladite somme de 1,000,000 calculée d'après les bases ci-dessus.

6 La compagnie autorisée à rédiger à ses frais les proje ts de perfectionnement de la Saône, voulant prévenir les lenteurs d'une adjudication, et remplir les conditions imposés aux associations

dans tous les pays où l'État leur confie des entreprises semblables, offre d'admettre pour la moitié du capital et aux mêmes conditions toutes personnes qui se présenteront dans le délai de deux mois, à dater du jour où les feuilles publiques des départemens intéressés à l'amélioration de la Saône auront fait connaître les propositions des premiers actionnaires.

7° Les souscripteurs nouveaux viendront concourir avec les anciens à l'administration de l'entreprise, conformément à l'acte social dont un extrait sera également publié.

8° En conséquence des dépenses que la compagnie sera tenue de faire, il lui sera alloué pendant le terme de 99 ans, un droit de péage établi à chaque barrage ainsi qu'il suit :

Par tonneau de 1000 kilogrammes

à la descente	1° Vin, sel, épiceries, métaux.	30 c.
	2° Marchandises diverses	20
	3° Pierres et charbon de terre.	10
	4° Bateaux vides et par tonneau.	05
à la remonte	1° Vin, sel, épiceries, métaux.	40
	2° Marchandises diverses.	30
	3° Pierres, charbon de terre.	20
	4° Bateaux vides et par tonneau.	10

Les bateaux chargés ne paieront qu'en raison de leur chargement effectif ; et les bateaux vides d'après le chargement ordinaire.

Les ouvrages d'art, barrages, ponts, écluses, digues, canal de dérivation, seront constamment entretenus en bon état aux frais des concessionnaires.

La compagnie aura la jouissance à terme de la vente des eaux pour irrigation dans les temps d'étiage, et à perpétuité la concession des eaux employées aux usines construites près des barrages.

Paris, le

PROJET

DE

PERFECTIONNEMENT

DE LA

NAVIGATION DE LA SAÔNE,

DEPUIS GRAY JUSQU'A CHALONS.

Par ordonnance royale, en date du 11 juillet 1827, une compagnie a été autorisée à procéder à ses frais, aux levées de plan, au nivellement et autres opérations nécessaires à la rédaction du projet de perfectionnement de la Saône, depuis Gray jusqu'à Châlons.

Ce premier travail a été confié à des géomètres exercés, chargés précédemment, et pendant plusieurs années, sur l'Aisne, la Meuse, la Somme, etc., d'opérations semblables reconnues exactes par des ingénieurs des ponts-et-chaussées.

A l'aide de ces données et des documens que nous nous sommes procurés, et après avoir visité le cours de la Saône à diverses époques de l'année, nous avons rédigé le projet des ouvrages à exécuter pour assurer, en toute saison, un tirant d'eau de $1^{m},65$.

Nous ferons connaître dans le chapitre Ier :

L'état de la navigation de la Saône, de Gray à Châlons, et de Châlons à Lyon;

Les causes des interruptions fréquentes et prolongées de cette navigation;

Les pertes du commerce et de l'agriculture occasionées par ces interruptions.

Dans le chapitre II, les divers systèmes d'améliorations et de communications proposées :

Le projet de canal latéral ;

Le projet de creusement des bancs de gravier ;

Le projet de chemin de fer longeant la rivière.

Dans le chapitre III, le projet proposé et dressé de canalisation :

La longueur, la pente, le volume d'eau à diverses époques de l'année ;

La description du projet, barrages, écluses, canaux de dérivation ;

Les circonstances d'écoulement ; la hauteur des remous à diverses distances ; la distance des barrages.

Dans le chapitre IV :

L'emplacement des barrages ;

Les dépenses des travaux ;

Le tarif des péages ;

Les produits présumés.

Dans le chapitre V, les avantages procurés par les travaux :

Agriculture ;

Manufactures ;

Commerce ;

Garre des bateaux ;

Réduction des frais de navigation et du frêt ;

Intérêts publics.

Dans le chapitre VI, les améliorations complémentaires et successives à obtenir :

Navigation ;

Ponts suspendus;
Digues de la Saône.

Dans le chapitre VII, les travaux supplémentaires faisant suite à l'amélioration de la Saône, entre Gray et Châlons :

Canalisation de la haute Saône;

Jonction de la Saône à la Moselle et à la Meuse;

Perfectionnement de la navigation du Rhône, entre Lyon et Givors;

Canaux d'embranchement, canal de Pont-de-Vaux ou de la Veyle, prolongé jusqu'à Bourg; grandes routes de Bourg à Genève, et de Pont-de-Vaux à Saint-Claude, par Saint-Amour, Orgelet, etc.;

Canalisation de la Seille, de la Saône à Lons-le-Saulnier, et grande route de Lons-le-Saulnier à Genève, par Orgelet et Saint-Claude;

Canalisation du Doubs et de la Loue;

Canalisation de l'Oignon;

Canalisation du Drejon, de la Saône à Vesoul.

CHAPITRE PREMIER.

DE LA NAVIGATION DE LA SAÔNE.

ART. 1er. *Etat actuel de la navigation de la Saône, entre Gray et Châlons.*

La Saône, où viennent se réunir les canaux du Rhin au Rhône, de Bourgogne, du Charollais, et les rivières navigables ou flottables de l'Oignon, du Doubs, de la Seille, etc., peut être considérée comme une des principales artères de la navigation intérieure de la France.

Cette rivière, destinée à faire communiquer les provinces de l'Est avec celles du Midi, met obstacle dans son état actuel d'imperfection à la navigation sur les canaux qu'elle devrait réunir. Pendant les mois d'été, les plus favorables au commerce, les eaux de la Saône n'ont que 4 à 5 décimètres de profondeur, et souvent ne suffisent pas même à la remonte des bateaux vides, en raison de la vitesse des courans et de leurs dispersions dans les bancs de sable qui se forment près des îles. On ne peut naviguer avec charge, et surtout à la remonte, que pendant les crues moyennes. Lorsque les eaux sont plus élevées, elles inondent les chemins de halage, recouvrent la plaine ; les courans sont très rapides, et alors la navigation, suspendue à la remonte, est très dangereuse à la descente.

Les bateliers, surpris en route par des grandes crues ou par la baisse des eaux, sont forcés de s'arrêter, de séjourner long-temps dans les différens ports, en attendant des eaux plus favorables. Ces dangers et ces retards augmentent les frais de navigation, et forcent le commerce d'emprunter la voie de terre pour le transport de la plupart des marchandises.

Par suite des imperfections du cours de cette rivière, le charbon de terre, si nécessaire à l'exploitation des nombreuses usines du bassin de la Saône, se vend à Gray 40 francs le tonneau; c'est-à-dire six fois plus cher qu'à la mine, quoique les qualités en aient été altérées pendant la durée d'un long trajet.

Etat de la Saône, de Châlons à Lyon.

Au-dessous du confluent de la Saône et du Doubs, et surtout entre Châlons et Lyon, les eaux sont plus abondantes et la navigation plus facile.

Toutefois des bancs de sable, de gravier et de rocher, et des îles nombreuses divisent les eaux, en diminuent la profondeur et empêchent la navigation en été; le tirant d'eau se trouve réduit à 60 ou 80 centimètres sur plusieurs points.

La traversée de Lyon présente de grands dangers, le fond de la rivière étant une roche dure où le courant n'a pu s'y creuser un lit profond; les eaux tourbillonnent en sortant des fissures des rochers, forment cataractes au passage des ponts, et produisent par leur impétuosité de fréquens naufrages.

La navigation est suspendue soit par les grandes eaux, soit pendant les temps de sécheresse.

Ainsi les départemens du bassin de la Saône, les plus riches de France en minerai de fer, en forêts de futaie et produits variés, sont condamnés à un état stationnaire, et se trouvent comme séquestrés du reste de la France, parce que la Saône est laissée dans son état primitif, comme les rivières des pays sauvages.

ART. 2. *Cause des interruptions fréquentes et prolongées de la navigation.*

Les rivières en très grand nombre qui alimentent la Saône sont presque à sec dans les étés *chauds;* mais dans la saison des pluies, les eaux qui tombent sur les flancs déboisés des montagnes du

Jura et des Vosges, arrivent rapidement dans la plaine et font déborder la Saône non endiguée. La navigation est également suspendue pendant l'étiage et pendant les inondations.

Le passage des bateaux est difficile au confluent des rivières; dans les grandes eaux, les affluens barrent le cours de la Saône et y déposent des bancs de gravier.

Ces effets sont surtout produits sur la rive gauche par l'Oignon et le Doubs, qui, ayant un cours plus étendu et un grand volume d'eau dans les temps de pluie, repoussent la Saône sur la rive opposée, forment un barrage, et plus bas un delta où les eaux se subdivisant à travers des bancs de gravier, roulent avec beaucoup de vitesse et peu de profondeur.

Les affluens de la rive droite, plus nombreux mais moins volumineux, morcellent de lieu en lieu la vallée, interrompent les communications naturelles, forment de même des barrages au confluent et des attérissemens à l'aval.

Ainsi la Saône dans son état naturel avec une pente faible et un volume d'eau considérable, n'est navigable de Châlons à Gray que par accident, et pendant quelques mois seulement, avec de grandes dépenses pour la remonte à charge.

Art. 3. *Evaluations des pertes des Commerçans et des Agriculteurs, occasionées par les interruptions de la navigation.*

Les départemens de la Haute-Saône, de la Meuse, des Vosges, et de la Haute-Marne, du Doubs, du Jura, de la Côte-d'Or, etc., envoient aux départemens que traverse le Rhône, des blés, des fourrages, des bois, du fer, du minerai, etc., et en reçoivent, en retour, du charbon de terre, du savon, du verre, du sel, des eaux-de-vie et toutes les productions du midi de la France et des colonies. Ces échanges, qui se feraient avec peu de frais par la Saône perfectionnée, sont surchargés de frais de transport, et par cela même très réduits.

Ainsi, la prospérité de ces contrées est arrêtée par les obstacles de la navigation.

Le gouvernement en éprouve directement de très grandes pertes ; déjà il a dépensé, ou s'est engagé à dépenser environ cent millions pour l'achèvement des canaux qui débouchent dans la Saône ; il ne retirera pas 1 pour o/o des capitaux employés, si la Saône n'est pas améliorée. C'est donc une somme de quatre millions qu'il faudra prélever chaque année sur les contribuables pour acquitter les rentes dues aux prêteurs.

On n'expédiera pas des marchandises des bassins de la Seine, du Rhône, de la Loire et de l'Yonne, sur Strasbourg et l'Allemagne, par les canaux du centre, de Bourgogne, de Monsieur, si les bateaux sont arrêtés sur la Saône plusieurs mois dans les temps de sécheresse.

Le commerce exige bien moins une grande célérité dans les transports, que la sûreté, la régularité et le bon marché : aucune de ces conditions ne saurait être remplie dans l'état actuel de la Saône.

Des motifs d'économie et de prévoyance font donc une loi de rendre la navigation de cette rivière aussi facile et aussi prompte et avec le même tirant d'eau en toute saison que celle des canaux qui viennent y déboucher.

La prospérité des campagnes riveraines est surtout arrêtée par le chômage de la navigation de la Saône ; les propriétaires n'expédient que rarement, et toujours avec inquiétude, leurs récoltes par la Saône, et ils éprouvent souvent des dommages considérables par les débordemens, les glaces et les chômages.

La plupart des transports, dans les cantons de la rive gauche, se font à grands frais par des chemins de terre en mauvais état ; nulle fabrique ne peut s'y établir ; tout semble s'opposer à un accroissement de prospérité et au développement de l'industrie dans ces belles contrées.

En comparant le capital foncier, les revenus, les impôts dans les départemens traversés par la Saône aux contrées riveraines des bons canaux, on estime que les diminutions de valeur des produits du sol, et les pertes qu'éprouve le pays par le mauvais état de la Saône peuvent être évalués à six millions par an.

On doit faire remarquer que le bassin de la Saône, entre cette rivière et le Jura, n'est point traversé, dans la plaine, par de grandes routes parallèles à la rivière; ainsi, lorsque la navigation est arrêtée dans les temps de sécheresse, les relations se trouvent suspendues dans la saison la plus favorable, entre les populations des plaines de la Bresse, les villes de la Saône supérieure et les bords du Rhône.

CHAPITRE II.

DIVERS SYSTÈMES D'AMÉLIORATION ET DE COMMUNICATION PROPOSÉS.

Art. 4. *Projet de canal latéral.*

Lorsque les travaux s'exécutent aux frais de l'Etat, et qu'on ne tient compte ni des dépenses ni des produits; lorsqu'un grand canal est considéré comme un monument d'architecture, on doit être disposé à exécuter de préférence un canal latéral neuf, avec ponts, canaux, et autres ouvrages d'art et de luxe qui flattent la vanité de ceux qui les exécutent et les ordonnent.

Le canal de Languedoc a servi de modèle, et pour ainsi dire d'excuse aux canaux artificiels entrepris dans des circonstances cependant différentes, souvent contraires. On doit à cette imitation non justifiée, beaucoup d'erreurs et des pertes considérables.

Le canal de Languedoc, ouvert dans une vallée bordée de hautes montagnes avec pentes rapides, où chaque ruisseau est un torrent; qui charrie des pierres ; devait être nécessairement tout artificiel; mais dans d'autres localités, et partout où les affluens ne charrient que du sable et de l'argile il y a avantage à canaliser les rivières.

Un canal latéral à la Saône entraînerait dans des dépenses incalculables, et sans donner des résultats satisfaisans, ni même des revenus suffisans pour son entretien.

La Saône recevant sur les deux rives de nombreuses rivières sujettes à des crues rapides, il faudrait construire sur chacun des affluens des ponts-canaux d'une grande longueur, élever le canal presque partout en remblais, et priver la rive opposée de la jouissance de la nouvelle navigation.

Un canal latéral s'envaserait rapidement, inonderait les campagnes riveraines par la rupture des digues; isolerait tous les terrains compris entre la rivière et le canal, et forcerait de construire un pont vis-à-vis chaque village de l'une et de l'autre rive pour l'exploitation des prés et des terres.

Cependant la navigation de la rivière devant être maintenue, serait suivie dans les temps favorables, et surtout à la descente, pour le passage des bateaux vides ou peu chargés.

Ainsi le canal latéral, qui coûterait des sommes excessives d'exécution et aussi d'entretien, n'ayant qu'une portion des transports, ne rendrait pas les revenus nécessaires aux réparations annuelles ; le capital dépensé serait improductif; il y aurait ainsi perte des fonds dépensés sans avantage équivalent pour le commerce.

Si de semblables entreprises non productives occupent les classes ouvrières, en définitive un canal non fréquenté n'est pas plus utile qu'une grande pyramide, et ne contribue pas davantage à la prospérité nationale.

Art. 5. *Creusement des bancs de sable.*

La navigation n'étant interrompue en été que par des bancs de sable peu nombreux entre Lyon et Châlons, et plus rapprochés et plus élevés entre Châlons et Gray, des ingénieurs, persuadés que l'enlèvement ou le creusement de ces bancs donnerait une bonne navigation, ont proposé d'ouvrir un chenal dans ces seuils. Ce travail, qui procurerait à peu de frais une notable amélioration entre Châlons et Lyon, serait insuffisant entre Châlons et Gray, où la rivière a plus de pente et beaucoup moins d'eau.

Les bancs de sable sont le produit d'une cause puissante et permanente qui incessamment les rétablirait dans les grandes crues ; partout, à l'aval des affluens, et dans les parties très larges où le courant est moins rapide, la rivière dépose des graviers qu'elle n'a plus la force de charrier.

Les dépenses faites en travaux de ce genre seraient sans effets utiles et durables entre Châlons et Gray. En admettant d'ailleurs que ces bancs ne puissent se rétablir, la navigation ne serait encore que fort incomplète au-dessus de Châlons.

En effet le lit de la Saône étant, terme moyen, de 100 mètres, et sur quelques parties de 120 à 150 mètres de largeur, la vitesse moyenne, par seconde, de moins d'un mètre, et le volume d'eau à l'étiage de 50 mètres au plus, le tirant d'eau moyen ne serait, comme on l'a constaté, que de 40 à 50 centimètres généralement.

Si dans le milieu la profondeur est plus grande, la ligne de plus grande profondeur se courbant brusquement dans les contours et près des îles, ne pourrait être suivie exactement par les grands bateaux. Le creusement des bancs n'aurait d'autres résultats, entre Châlons et Gray, que de faire baisser les eaux à l'amont des barrages naturels, et d'établir une profondeur régulière de 40 à 50 centimètres, beaucoup trop inférieure aux besoins journaliers de cette navigation importante où les canaux de dix départemens viennent aboutir.

On est forcé de donner à la Saône au moins le tirant d'eau fixé à 1^{m}, 65 sur les canaux de Bourgogne, du Rhin au Rhône, du Centre, et sur les canaux affluens de la Loire, qui débouchent dans la Saône par le canal du Centre.

Art. 6. *Projet de chemin de fer longeant la Saône.*

Les chemins de fer ont une supériorité incontestée sur les routes ordinaires, par la perfection du tracé, la suppression des chocs, la diminution des frottemens, la commodité et la rapidité des voyages. Mais considérés sous le rapport des dépenses et des revenus, ces entreprises ont donné lieu à de graves erreurs que l'expérience constatera de plus en plus. On ne peut exécuter de semblables chemins, comme voie publique et commerciale, que dans les cas fort rares où le nombre des voyageurs et la quantité de marchandises de prix peuvent payer l'intérêt des constructions et les frais annuels d'entretien toujours très élevés.

Le succès extraordinaire, comme objet d'art, du beau chemin de fer de Manchester à Liverpool, ne peut être cité comme preuve des bénéfices certains à retirer de ces voies nouvelles. Quelques explications pourront servir à prévenir les mécomptes et le danger de négliger les voies navigables, beaucoup moins chères et plus avantageuses.

Nous donnerons quelques détails extraits du compte officiel du 2ᵉ semestre de 1832, publié par les directeurs de cette compagnie, qu'on ne soupçonnera pas d'avoir réduit les produits et exagéré les frais d'entretien, puisqu'ils s'attachent dans leur rapport à répondre au reproche de répartir des dividendes exagérés, de faire porter sur des emprunts le remplacement des machines, d'augmenter le capital social et d'accroître ainsi outre mesure la valeur vénale des actions à vendre.

La longueur de ce chemin est de 12 lieues 1/2 = 50,000 mèt.	
La dépense a été de.	25,609,375 fr. »
Les produits nets, en deux ans et demi, se sont élevés à.	3,637,750 »
Ce qui revient par an à.	1,616,776 »
C'est-à-dire à environ 6 1/2 pour 0/0.	

La recette brute de 1832 a été de. . . .	4,045,100 fr. »
La dépense d'exploitation et d'entretien, de .	2,410,900 »
Recette nette de 1832. . .	1,634,200 fr. »

On a transporté sur ce chemin en 1832 :	
Voyageurs (73,000 de moins qu'en 1831). .	365,646 personn.
Marchandises de prix en tonneaux. . . .	172,684 tˣ.
Charbon de terre en tonneaux..	79,880 tˣ.
Le bénéfice obtenu a été, par voyageur, de	2 fr. 75
Par tonneau de marchandises de	3 50
Par tonneau de charbon	» 75

D'où il suit qu'un chemin de fer semblable ne rendrait pas les frais d'exploitation, si on ne transportait que du charbon et 200,000 tonneaux de marchandises; et que dans toute autre localité le nombre des voyageurs se trouvant moindre qu'entre les deux plus grandes villes commerciales du monde, les produits ne s'élèveraient pas à un intérêt de 2 ou 3 pour 0/0 du capital.

Ces frais excessifs sont attribués par les directeurs à la détérioration rapide et désespérante de toutes les machines qu'il faut renouveler en grande partie dans l'année, et souvent réparer avec beaucoup de dépense.

Sans doute on peut exécuter un chemin de fer de même longueur à beaucoup moins de frais, par exemple pour la moitié, le quart, le sixième même du chemin de Liverpool à Manchester; mais la direction ne serait plus aussi droite et horizontale; on traverserait les champs et les routes de niveau, ce qui donne lieu à des accidens graves et à de perpétuels retards, comme l'expérience l'atteste chaque jour sur d'autres chemins de fer.

D'ailleurs on ne peut exécuter en France un chemin de fer à aussi bas prix que dans la Grande-Bretagne.

En Angleterre on paie le fer 14 francs les 100 kilogrammes, et en France 50 francs, lorsqu'il est également malléable et fait avec des ondulations et le renflement nécessaire aux *rail-way*.

En Angleterre les grands propriétaires cèdent leur terrain au prix de l'estimation, et sont les promoteurs, les défenseurs, les actionnaires de ces travaux utiles.

En France les propriétaires exigent deux et trois fois la valeur des terrains nécessaires aux travaux, et retardent par des procès en indemnité le temps de l'achèvement et de la jouissance des ouvrages.

En Angleterre les frais de construction, d'entretien des grandes routes, comme des chemins de fer, étant payés par ceux qui en profitent, le gouvernement ne donne pas une prime sur les transports par terre, au détriment des autres voies commerciales; les chemins de fer sont dans une situation plus favorable aux actionnaires de ces entreprises.

En France le gouvernement exécute et répare les grandes routes aux frais du public; les dépenses des transports sont réduites au-dessous du taux naturel; le commerce s'y trouve donc attiré au désavantage des chemins de fer et des canaux.

Malgré la protection accordée en Angleterre aux chemins de fer, par la loi sur les barrières, plusieurs de ces entreprises, récemment exécutées en Angleterre, ne donnent pas de revenus.

Nous citerons le chemin de fer de Cromfort, de 12 lieues; la dépense, évaluée à 3,000,000, s'est élevée à 4,400,000 francs. La recette ne produit pas les frais d'entretien; aussi les actions de 2,500 francs se vendent à 4/5e de perte, ou pour 500 francs.

Les chemins de fer, comparés à une navigation perfectionnée, peuvent bien moins encore soutenir la concurrence.

Une machine locomotive de 20 chevaux conduit sur un chemin de fer 60 tonneaux de marchandises, y compris le poids des chariots, et paie, par distance de 5 kilomètres, 36 francs; un bateau avec machine à vapeur de même force, transporte avec la même vitesse 120 tonneaux, et ne coûte que 10 francs, c'est-à-dire 5 francs pour 60 tonneaux.

Les frais de transport avec une même vitesse et un semblable tonnage sont donc dans le rapport de 7 à 1.

De ces faits on doit conclure qu'en France on ne peut établir, avec avantages, un chemin de fer longeant une rivière navigable pour le transport des marchandises, ni même pour le transport des voyageurs.

Dans l'état d'imperfection de la Saône, le chemin de fer dans la vallée ne serait suivi que par les voyageurs, et seulement pendant le temps de sécheresse ou de chômage de la navigation. La Saône étant perfectionnée, tous les transports se feraient par eau.

Il faut d'ailleurs admettre le cas possible, et même probable, où les machines locomotives, que tous les mécaniciens cherchent à perfectionner, pourront circuler sur les grandes routes qui sont affranchies de tout péage; les transports par locomotives seraient moins chers que sur les chemins de fer, qu'on abandonnerait, les produits ne rendant pas les frais d'entretien.

Des faits précédens, on peut conclure qu'un chemin de fer ouvert dans la vallée de la Saône ne diminuerait point l'importance et les produits de cette navigation perfectionnée; les négocians de Strasbourg, de Lyon, de Paris et des villes intermédiaires situées sur les bords des canaux, préféreront les transports par eau, pour toutes les marchandises de peu de valeur, qui composent les 19/20e des expéditions, en raison du meilleur marché, et de la garantie qu'offrent des bateliers responsables des chargemens.

Sur des chemins de fer d'une grande étendue, la circulation est suspendue la nuit, et peut être fréquemment interceptée; la surveillance d'un grand nombre de petites voitures est difficile dans les points de stationnement, et les marchandises sont exposées à être avariées par les pluies et les fortes chaleurs.

CHAPITRE III.

PROJET DE CANALISATION DE LA SAÔNE.

ART. 7. *Longueur, pente, volume d'eau, et régime de la rivière.*

Le développement du cours de la Saône, entre Gray et Châlons, est de. . . . . 134,000 mètres.

La pente réduite par mètre de. . . . . $0^m,000122$.

Et la pente totale de. . . . . $16^m,348$.

Le volume d'eau, mesuré à l'étiage, au-dessous du confluent du Doubs, est par seconde de. . . . . . . 50 mètres.

Dans les grandes inondations il est, au même point, par seconde de . . . . 2500 mètres.

Le volume par seconde, dans les grandes inondations, au-dessus du confluent du Doubs, est évalué à. . . 1600 mètres.

D'après le relevé des observations faites à Châlons pendant vingt-cinq années, les plus grandes crues se sont élevées au-dessus de l'étiage à. . . . , ... $7^m,20$.

On peut fixer les crues extraordinaires à. . $8^m,00$.

Les prairies des bords de la Saône sont généralement de 4 à 5 mètres au-dessus de l'étiage; et l'on parviendrait, sans de grandes dépenses, à porter le chemin de halage à cette hauteur.

Mais la construction de digues élevées à huit mètres de hauteur au-dessus de l'étiage entraînerait dans des dépenses considérables que devraient en partie supporter les communes riveraines comme plus intéressées à cette amélioration, qui mettrait leurs terrains à l'abri des inondations; au-delà de cinq mètres, la navigation est, il est vrai, interrompue, mais pendant quelques semaines seulement; ce n'est donc pas, sous ce rapport, une nécessité de porter les chemins de halage au-delà de ce niveau.

Les inondations des rives de la Saône sont moins produites par l'insuffisance de son lit que par l'obstruction sur quelques points et par les trop faibles débouché des ponts, surtout dans la traversée de Lyon.

A l'entrée de cette ville on remarque sous le pont de Pierre, des rochers élevés, rapprochés, traversant la Saône, qui formaient autrefois un barrage, et retenaient autrefois les eaux de la Saône à un niveau plus élevé que les plaines de la Bresse transformées en vaste lac; cette digue ayant été rompue, soit par l'art ou par l'action du temps, il en est résulté l'écoulement des eaux et le dessèchement des terres. L'existence de ce lac immense est constatée par la nature du sol et son nivellement, et par les bancs et couches de pierres roulées sur plus de vingt lieues carrées sur les bords.

Le débouché de la Saône dans Lyon est trop réduit par le rapprochement des rochers, et surtout par les ponts en pierre récemment construits. Le pont de Belcourt sur la Saône n'a que cinq arches de 20 mètres 80 chacune d'ouverture; ensemble 104 mètres : cette ouverture est moindre que celle des ponts de Dôle, de Navilly sur le Doubs, l'un des affluens de la Saône.

Art. 8. *Description du projet comprenant les barrages, les écluses et canaux de dérivation.*

Si les ponts de la Saône étaient établis sur un radier général en maçonnerie, et pouvaient se fermer par des pouterelles, on obtiendrait des retenues d'eau à plusieurs lieues de distance et une meilleure navigation. Pendant les crues, on rétablirait le régime de la rivière, en enlevant les pouterelles; le niveau des inondations resterait le même que dans l'état actuel.

Mais ces travaux, qui ne sont possibles que sur quelques points, entraîneraient dans de grandes dépenses, et présentent d'ailleurs des difficultés locales insurmontables. Généralement les ponts ont des débouchés insuffisans; les arches ont, d'autre part, trop d'ouverture pour les fermer par des pouterelles; en divisant le passage des arches par des poteaux, on diminuerait la section, on augmenterait la hauteur des inondations.

Les ponts d'ailleurs étant établis dans les villes, les abords sont bâtis, et ne permettent pas de construire des écluses latérales pour le passage des bateaux.

Nous proposons de diviser la Saône, de Gray à Châlons, en huit parties à peu près égales, de 18,000 mètres environ, de construire huit barrages, de procurer en toute saison au moins $1^{m},65$ de tirant d'eau, et de donner aux barrages et aux écluses accolées des dimensions et dispositions telles, que le régime de la rivière ne soit point changé dans les temps de crue.

Chaque barrage à l'aval d'Auxonne sera composé d'une partie fixe de 100 mètres de largeur et de 2 mètres de hauteur au-dessus de l'étiage, de cinq écluses de chaque côté de 8 mètres d'ouverture, et d'un canal de dérivation pour le passage des bateaux, avec sas au milieu, et de chaque côté deux écluses employées à des usines.

L'ouverture des quatorze écluses étant de 112 mètres, est plus grande de 8 mètres que le débouché total du pont de Belcourt; ainsi la Saône, dont le volume est moindre au-dessus de Châlons, s'écoulerait sans obstruction par ces écluses sans tenir compte du barrage fixe d'une longueur de 100 mètres.

Le canal de dérivation ayant des écluses en tête, forme une gare spacieuse destinée à préserver les bateaux des glaces dans les débâcles.

Le sas et les écluses des usines placées à l'aval seront fermés pendant les débâcles des glaces, mais ouverts dans les grandes eaux.

Le canal de dérivation tout entier formera le sas, qui servira à faire passer les convois de bateaux lorsque la navigation sera très active.

Les écluses des sas auront des portes horizontales et de fond qui seront manœuvrées par les eaux de la retenue amenées sous les portes au moyen de larges conduites.

La longueur du sas entre les buscs sera de 60 mètres, et la largeur entre les bajoyers de 12 mètres pour donner passage aux bateaux à vapeur.

L'emplacement des barrages et des canaux d'écoulement est indiqué sur les plans généraux et de détails, et dans le devis estimatif.

Au-dessus d'Auxonne, la Saône ayant un volume d'eau plus faible, on donnera au barrage fixe 80 mètres de longueur, et on construira de chaque côté trois écluses au lieu de cinq.

Art. 9. *Circonstances d'écoulement des eaux, distance des barrages, hauteur du remous.*

Nous avons donné, article 7, la distance par la rivière entre Châlons et Gray, la pente moyenne, le volume de l'eau à l'étiage et dans les crues extraordinaires.

Le débouché du pont de Belcour, sur la Saône, est de.	104 mèt. cubes.
Le volume à l'étiage est par seconde de. .	50 »
On peut le compter, pendant cinq mois, par seconde, à.	80 »
La pente moyenne de la rivière entre Châlons et Gray, est de $0^m,000122$; entre Châlons et le confluent du Doubs elle est plus faible, et plus forte au-dessus de ce confluent; comme les barrages seront contruits entre le confluent du Doubs et Gray, la pente, dans les calculs, a été fixée à.	$0^m,0001382$
La hauteur du barrage au-dessus de l'étiage étant de.	2 mètres.
Si la Saône, abstraction faite du courant, était partagée en étang, à surface de niveau, l'eau d'une retenue atteindrait la ligne de l'étiage à une distance de.	14472 mètres.

Mais l'effet du barrage, diminuant beaucoup la vitesse, augmente le tirant d'eau. Supposons que la vitesse de 0^{m},60 par seconde soit réduite à 0^{m},30, la hauteur de l'eau donnée par le courant, au-dessus du plan horizontal du barrage, deviendrait alors de 1 mètre. En y ajoutant 0^{m},65, profondeur naturelle de la rivière, on obtient le tirant d'eau de 1^{m},65, jugé nécessaire pour le service de la navigation.

Les barrages peuvent être espacés de plus de 14 à 15,000 mètres, parce qu'à l'aval de chaque barrage, et à une distance de plusieurs milles, les chasses qu'on est maître de donner par les écluses, et de renouveler à volonté, ouvriront un chenal profond, toujours facile à entretenir par le même moyen.

Si maintenant nous montrons que le barrage et les écluses latérales dépensent tout le volume d'eau, sans occasioner de surélévation sensible dans les grandes eaux, on aura l'assurance que les barrages qui procureront en été une bonne navigation peuvent être immédiatement exécutés, et avant d'attendre le perfectionnement des digues et des chemins de halage (1).

A l'aide des données précédentes et des profils moyens de la Saône, nous chercherons les diverses circonstances de l'écoulement, savoir à l'étiage dans les grandes crues, et aux niveaux intermédiaires.

Les résultats consignés dans le tableau A ont été obtenus à l'aide des tables de M. de Prosny.

MM$'$ étant le fond de la rivière.

q N un barrage établi sur cette rivière.

AS *m'* la couche de la surface de l'eau.

c la profondeur naturelle M *m* du courant.

(1) L'établissement des digues au-dessus des plus grandes eaux étant principalement destiné à garantir les propriétés riveraines des inondations qui en détruisent ou en altèrent souvent les récoltes, doivent être exécutées, ainsi que nous l'avons fait remarquer, aux frais des riverains, d'après les délibérations des communes intéressées à cet ouvrage. Cette entreprise ne peut être dirigée que par ces propriétaires réunis en syndicat.

d la distance qR.
h la hauteur RT du remous.
b la longueur du passage de l'eau sur le barrage.
V la vitesse moyenne naturelle du courant.
H la hauteur due à cette vitesse $\frac{V^2}{2g}$
Q la dépense par seconde du courant.

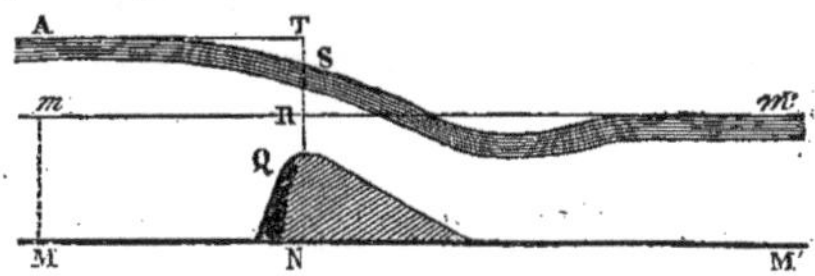

La hauteur qS peut être considérée comme composée de deux parties, savoir, qR et RS, on a :

$$RS = 0{,}7247\, h.$$

1° Soient m le coefficient de contraction qui convient à la partie qR, et D la dépense de cette partie du déversoir, on a :

$$D = m\, b \times d \sqrt{2g(h + H.)}$$

2° Soient m' le coefficient de contraction qui convient à la partie RS, et D′ la dépense de cette partie, on a :

$$D' = m'\, b\; 0{,}7247 \times h \sqrt{2g(0{,}6195 \times h + H.)}$$

et en représentant par Q la dépense totale on aura l'équation.

$$(1)\; Q = b\sqrt{2g}\,(m\, d\sqrt{h + H} + 0{,}7247\, m'\, h\sqrt{0{,}6195\, h + H.})$$

La valeur de h qui satisfait à cette équation donnera la hauteur RT du remous.

On peut considérer plusieurs cas particuliers.

Le niveau de la rivière est au-dessous du barrage ou au-dessus; les écluses latérales au barrage sont ouvertes ou fermées : on est ainsi conduit à examiner quatre questions que nous avons posées et cherché à résoudre.

Première question. La ligne mm' passe au-dessous du point q ; il résulte que d est nul ; faisant $d = o$ dans la formule ci-dessus (1) elle se réduit à :

$$q = b\sqrt{2g} \times 0{,}7247\, m'\, h\sqrt{0{,}6195\, h + H.}$$

En substituant pour b, g, H, les valeurs connues, ou évaluées, et en faisant le coefficient de la contraction $m' = 0{,}87$, on trouve les résultats présentés dans le tableau B.

Dans la *deuxième question*, la formule (1) devient complète; on a pris de même $m = m' = 0{,}87$, et on a déterminé les résultats du tableau C.

Les calculs pour obtenir directement les valeurs de h étant très longs, on les a cherchés par des méthodes d'approximation qui donnent des limites en plus, et en moins, d'autant plus resserrées qu'on pousse plus loin les approximations successives.

Dans la *troisième question*, comme l'eau passe en totalité par les écluses, et que la contraction sur le fond est moindre, on a supposé le coefficient de la contraction égal à 0,90.

Dans la *quatrième question*, on a pris pour le coefficient de la contraction entre les bajoyers, le nombre de 0,90, et 0,87 pour le déversoir par le barrage plein, puisqu'il se fait une plus grande contraction sur le fond.

On a présenté dans quatre tableaux BCDE, les résultats obtenus en faisant varier les hauteurs d'eau de la Saône.

Les nombres des données du tableau ont été calculés d'après un profil moyen sur un grand nombre de profils levés sur la Saône; on a supposé que la pente des berges était de 8 mètres de base pour un de hauteur à 3 mètres au-dessus de l'étiage. La pente j est la moyenne des pentes prises sur de grandes longueurs à l'amont et à l'aval du barrage.

Les résultats du tableau A ci-joint ont été obtenus, d'après ces données, à l'aide des tables de M. de Prosny, quoique les plus grandes crues de la Saône mesurées avec soin à Châlons pendant vingt-cinq ans n'aient pas dépassé la hauteur de $7^m, 20$ au-dessus de l'étiage; on doit présumer que dans les siècles précédens les crues extraordinaires d'après les hauteurs constatées dans d'autres bassins ont été au-delà de ce terme; nous supposons la limite des plus grandes inondations au-dessous de 8 mètres.

TABLEAU *A*.

Des données et résultats obtenus à l'aide des tables de M. de Prosny.

HAUTEUR DE L'EAU au-dessus de l'étiage.	SECTION correspondante Ω.	PÉRIMÈTRE mouillé X.	PENTE par mètre. I.	VALEUR du produit $\frac{\Omega}{X} I = RI$.	VITESSE moyenne V.	DÉBIT de la rivière, $\Omega V = Q$.	HAUTEUR due à la vitesse V. H.
m.	mq.	m.			m.	m. cubes.	
0, 00	106, 51	100, 00	0,0001382	0,000,147,063	0, 602	63,906	0, 0185
0, 50	158, 16	104, 35	*idem*	0,000,209,466	0, 724	114,510	0, 0267
1, 00	210, 94	110, 30	*idem*	0,000,264,300	0, 816	172,970	0, 0342
1, 50	268, 67	119, 80	*idem*	0,000,309,950	0, 888	238,580	0, 0402
2, 00	330, 45	128, 89	*idem*	0,000,354,300	0, 952	313,927	0, 0462
2, 50	396, 17	134, 00	*idem*	0,000,408,590	1, 024	405,680	0, 0534
3, 00	463, 17	138, 98	*idem*	0,000,460,570	1, 090	504,850	0, 0606
3, 50	538, 80	146, 50	*idem*	0,000,508,280	1, 146	671,470	0, 0669
4, 00	608, 13	150, 86	*idem*	0,000,557,100	1, 202	730,980	0, 0736
5, 00	767, 82	168, 50	*idem*	0,000,629,750	1, 280	982,810	0, 0835
6, 00	946, 26	188, 63	*idem*	0,000,693,280	1, 344	1,271,800	0, 0921
7, 00	1144, 70	208, 73	*idem*	0,000,757,970	1, 407	1,610,750	0, 1009
8, 00	1363, 14	228, 83	*idem*	0,000,823,260	1, 467	1,999,800	0, 1096

Première question.

Les eaux étant considérées successivement à l'étiage, puis à $0^m,50$, $1^m,00$, $1^m,50$, $2^m,00$, etc., au-dessus de l'étiage, et toutes les écluses latérales du barrage étant fermées, on demande la hauteur du remous au-dessus de la crête du barrage, en supposant qu'on ait construit de chaque côté 6, 4, 3, 2, ou 1 écluses de 8 mètres d'ouverture.

Les portes de ces écluses sont considérées comme ayant leurs arêtes supérieures au niveau de la partie fixe du barrage, et formant dans cet état un prolongement au barrage fixe.

Le tableau suivant, numéroté B, donne les nombres cherchés.

TABLEAU *B*.

Première question.

Le tableau suivant donne les hauteurs approximatives des remous à 0m,01 près.

On a supposé les écluses latérales fermées.

HAUTEUR DE L'EAU au-dessus de l'étiage.	LONGUEUR TOTALE DU DÉVERSOIR.				
	180m,00.	164m,00.	148m,00.	132m,00.	116m,00
m. 0, 00	m. 0, 287	m. 0, 306	m. 0, 348	m. 0, 366	m. 0, 399
0, 50	0, 435	0, 464	0, 495	0, 529	0, 570
1, 00	0, 525	0, 560	0, 600	0, 670	0, 750
1, 50	0, 660	0' 700	0, 75	0, 850	0, 928
2, 00	0, 776	0, 834	0, 907	0, 990	1, 101

Deuxième question.

Le niveau des eaux de la rivière s'élevant successivement à $3^m,00$; $3^m,50$; $4^m,00$; $5^m,00$; $6^m,00$; $7^m,00$ et 8 mètres au-dessus de l'étiage, et toutes les écluses latérales étant fermées, on demande la hauteur du remous dans les hypothèses de 5, 4, 3, 2, et 1 écluse de 8 mètres d'ouverture de chaque côté du barrage plein, et en supposant que les arêtes supérieures des portes busquées avec axes horizontaux et de fond soient à la hauteur de la ligne du barrage fixe?

Le tableau C ci-contre donne les hauteurs des remous.

TABLEAU *C*.

Deuxième question.

Le tableau suivant donne la hauteur des remous en supposant les écluses fermées, et en prenant les moyennes entre les résultats trop forts et trop faibles des premières approximations.

HAUTEUR DE L'EAU au-dessus de l'étiage, en aval du déversoir.	LONGUEUR TOTALE DU DÉVERSOIR.				
	180m,00.	164m,00.	148m,00.	132m,00.	116m,00.
m. 3, 00	m. 0, 3484	m. 0, 4163	m. 0, 5004	m. 0, 5593	m. 0, 7119
3, 50	0, 2440	0, 2989	0, 3843	0, 4587	0, 5802
4, 00	0, 1859	0, 2328	0, 2959	0, 3752	0, 4851
5, 00	0, 1321	0, 17378	0, 2279	0, 3017	0, 4037
6, 00	0, 10659	0, 1501	0, 2072	0, 2807	0, 3802
7, 00	0, 08712	0, 1344	0, 1832	0, 2600	0, 3601
8, 00	0, 07421	0, 1125	0, 1615	0, 2432	0, 3415

Troisième question.

Les eaux étant successivement à l'étiage et à $0^m,50$; $1^m,00$, et $1^m,50$ au-dessus de l'étiage, et les écluses étant ouvertes, déterminer la hauteur du remous au-dessus du niveau de l'eau en aval de l'écluse, en supposant successivement 5, 4, 3, 2 et 1 écluses de 8 mètres d'ouverture, établies de chaque côté du barrage plein?

Le tableau D ci-contre donne les hauteurs respectives.

TABLEAU *D*.

Troisième question.

Le tableau suivant indique les hauteurs cherchées.

HAUTEUR DE L'EAU au-dessus de l'étiage, en aval.	LARGEUR DE L'OUVERTURE.						
	80m,00.		64m,00.		48m,00.	32m,00.	16m,00.
	RÉSULTATS		RÉSULTATS		RÉSULTATS approximat., à 0m,005.	RÉSULTATS approximat., à 0m,005.	RÉSULTATS approximat., à 0m,005.
	trop forts.	trop faibles.	trop forts.	trop faibles.			
m. 0,00	0,0216	0,0204	0,0442	0,040	0,085	0,185	0,560
0,50	0,0306	0,0289	0,0628	0,058	0,120	0,266	0,800
1,00	0,0393	0,0370	0,0807	0,074	0,154	0,347	1,038
1,50	0,0493	0,0460	0,0997	0,097	0,175	0,420	1,290

Quatrième question.

Les eaux de la Saône étant successivement à $2^m,00$; $2^m,50$; $3^m,00$; $3^m,50$; $4^m,00$; $5^m,00$; $6^m,00$; $7^m,00$; et $8^m,00$ au-dessus de l'étiage en aval du barrage; et toutes les écluses étant ouvertes, déterminer la hauteur du remous au-dessus du niveau d'aval, en supposant successivement qu'il y ait, de chaque côté du barrage plein, 5, 4, 3, 2, et 1 écluses?

Pour composer le tableau ci-contre E qui donne les hauteurs du remous, on a pris dans les calculs des limites approximatives qui comprennent ces hauteurs, les résultats plus forts pour prévenir toute objection.

TABLEAU *E*.

Quatrième question.

Le tableau suivant donne pour les hauteurs des remous, en supposant les écluses ouvertes.

HAUTEUR DE L'EAU au-dessus de l'étiage, en aval du barrage.	NOMBRE TOTAL DES ÉCLUSES.				
	10	8	6	4	2
m. 2,00	m. 0,061470	m. 0,12204	m. 0,25288	m. 0,62676	m. 0,54560
2,50	0,042677	0,80625	0,16791	0,34951	0,89829
3,00	0,031771	0,06837	0,13234	0,25708	0,58961
3,50	0,027180	0,06819	0,12910	0,24380	0,49914
4,00	0,022182	0,05436	0,10597	0,18650	0,37775
5,00	0,019630	0,05397	0,09845	0,17815	0,32449
6,00	0,18480	0,05101	0,09121	0,16401	0,30720
7,00	0,017260	0,04940	0,08401	0,14372	0,28145
8,00	0,016040	0,04720	0,07622	0,12210	0,26012

On n'a pas fait mention dans les calculs précédens du volume d'eau qui sera dépensé directement par le canal de dérivation et par les écluses des usines qui seront établies sur les deux rives de ce canal.

Les 7 écluses de prise d'eau ayant leur radier à un mètre au-dessous de l'étiage, et ensemble un débouché de 220, 250, 290 mètres carrés, selon que le niveau de la rivière atteint 5, 6, ou 7 mètres de hauteur au-dessus de l'étiage. En prenant les vitesses moyennes, trouvées par les hauteurs respectives, $1^m,28$, $1^m,34$, $1^m,40$, par seconde, et en prenant pour coefficient de la contraction le nombre $0^m,87$, la dépense par ces écluses, et par seconde, dans chacun de ces cas, serait de 166 mètres cubes, et 344, et 406; c'est-à-dire environ le quart du volume de la Saône au-dessus du confluent du Doubs.

Mais la surélévation déterminée par le barrage n'est pas de 1/300; ainsi, en ouvrant quelques unes des 7 écluses de la dérivation, on préviendrait même le remous d'un effet presque inappréciable, et on rendrait à la rivière son régime naturel sur ce point comme à l'amont et à l'aval du barrage.

Ainsi que nous l'avions annoncé, les calculs montrent, comme la simple raison et l'expérience le faisait présumer, que l'établissement du barrage, avec des écluses accolées et le canal éclusé de dérivation, ne peut causer de remous ou de surélévation dans les crues; qu'il ne saurait altérer le régime de la Saône, lorsque le niveau s'élèvera à 3 mètres au-dessus de l'étiage. On peut donc se dispenser d'établir immédiatement des remblais sur toute la ligne, pour garantir les propriétés de l'effet du barrage, puisque les terrains riverains ne seront exposés qu'aux inondations actuelles.

Cependant, pour donner aux propriétaires toute sécurité et prévenir des inquiétudes imaginaires, on pourrait stipuler que lorsque la différence de niveau de l'amont à l'aval d'un barrage, dans les crues, serait de plus de $0^m,10$, la compagnie serait tenue d'ouvrir toutes les écluses de prise d'eau, ce qui ferait disparaître cette surélévation, la rivière ayant un débouché plus grand que son lit ordinaire.

On a compris dans le projet la dépense pour le rechargement des digues basses, jusqu'à la hauteur de trois mètres au-dessus de l'étiage sur toute la ligne.

Calcul de la distance à laquelle le remous se fait sentir, le barrage étant fermé et les eaux à l'étiage.

HAUTEUR DE L'EAU au-dessus de l'étiage.	DISTANCE DU BARRAGE.	PENTE de la surface DE L'EAU.
m.	m.	m.
2,30	0,000	»
2,20	0,714	»
2,10	1,438	»
2,00	2,162	0,000.000.160
1,90	2,892	0,000.001.090
1,80	3,626	0,000.002.070
1,70	4,367	0,000.003.300
1,60	5,115	0,000.004.420
1,50	5,870	0,000.005.790
1,40	6,634	0,000.007.300
1,30	7,409	0,000.009.200
1,20	8,196	0,000.011.120
1,10	8,998	0,000.013.420
1,00	9,817	0,000.016.170
0,90	10,659	0,000.019.350
0,80	11,529	0,000.023.240
0,70	12,432	0,000.027.540
0,60	13,384	0,000.033.180
0,50	14,408	0,000.040.490
0,40	15,534	0,000.049.430
0,30	16,828	0,000.060.900
0,20	18,439	0,000.076.150
0,10	20,695	0,000.097.480
0,00	infinie	

En examinant les résultats des tableaux précédens, on reconnaît qu'il suffira, dans les parties supérieures de donner aux barrages fixes 70 ou 80 mètres de longueur, et d'établir de chaque côté trois écluses de 8 mètres au lieu de cinq; le remous produit par le barrage n'occasionera aucun préjudice; lorsqu'on aura relevé les parties basses des digues à trois mètres au-dessus de l'étiage.

Quant à l'établissement des digues au-dessus des grandes eaux, c'est un travail indépendant de la navigation, travail immense qui doit comprendre en même temps tous les affluens de la Saône.

A quoi servirait d'endiguer la Saône, si le cours de l'Oignon, du Doubs, de la Seille, de la Till, de l'Ouche et de tous les affluens, en grand nombre, restait dans l'état de nature? Toutes les rivières, en inondant leurs rives et celles de la Saône, transformeraient la plaine en vastes marais; les eaux répandues sur les prairies n'auraient plus leur écoulement naturel, étant retenues par les digues de la Saône.

L'établissement complet des digues au-dessus des plus grandes eaux d'inondation est un projet à part qui ne peut se faire qu'avec le concours et la cotisation des propriétaires riverains.

Mais on ne saurait attendre l'accomplissement éloigné de cette grande entreprise pour améliorer la navigation de la Saône; ce serait ajourner indéfiniment l'exécution d'ouvrages jugés indispensables à la prospérité de dix départemens.

On ne peut assez redire que l'état et le pays ne retireront pas de revenus et d'avantage de la dépense de 100,000,000 fr. consacrés aux canaux qui débouchent dans la Saône, si cette navigation centrale n'était pas perfectionnée.

En résumé, les calculs ci-dessus donnent les résultats suivans :

1° Les barrages avec écluses n'altèreront pas le régime de la rivière.

2° Dans les crues, la différence du niveau de l'amont à l'aval des barrages, les écluses étant ouvertes, peut être considéré comme nulle.

3° Les propriétés riveraines ne seront pas exposées après l'établissement des barrages à des inondations plus grandes que dans l'état actuel.

4° Beaucoup de terrains bas seront garantis des inondations d'été les plus dangereuses par le relèvement des digues à trois mètres au moins au-dessus de la ligne d'étiage.

CHAPITRE IV.

EMPLACEMENT DES BARRAGES, DÉPENSES DES TRAVAUX, TARIF DES PÉAGES, PRODUITS PRÉSUMÉS.

ART. 10. *Emplacement des barrages.*

Le premier barrage au-dessous de Gray sera établi au lieu dit le Port à Trègues, à 15,000 mètres du barrage de Gray.

Il sera composé d'une partie fixe de 80 mètres de longueur, de trois écluses accolées de chaque côté de 8 mètres d'ouverture chacune, et d'un canal de dérivation ouvert sur la rive gauche.

Ce barrage aura son couronnement à deux mètres au-dessus du niveau de l'étiage.

Le deuxième barrage, semblable au précédent, sera construit à Heuilly, à 13,000 mètres du précédent, vis-à-vis le confluent de l'Oignon; le canal de dérivation prendra à l'amont du confluent sur la rive droite, et sera continué à l'aval, jusqu'au point où la Saône a plus de profondeur, l'embouchure de l'Oignon étant obstruée par des bancs de gravier.

La hauteur du couronnement de ce barrage sera à deux mètres au-dessus de l'étiage.

Le troisième, semblable aux précédens, sera établi à Poncet, à 19,000 mètres du précédent.

Le canal de dérivation partira de l'aval du village, et rejoindra la Saône à 200 mètres plus bas.

La hauteur au-dessus de l'étiage sera de 2 mètres.

Le quatrième sera établi à l'amont de l'embouchure du second bras de la Till; et au-dessus du village de Mailly-le-Port, à 18,000 mètres du précédent barrage.

Le canal de dérivation sera ouvert sur la rive gauche.

La hauteur du barrage au-dessus de l'étiage sera de 2 mètres.

Le cinquième sera établi à 1,200 mètres à l'amont de Pagny-la-Ville, en tête d'un coude de la Saône.

Le canal de dérivation, d'environ 1,200 mètres, ira en ligne droite de la tête du barrage à la Saône au-dessous de Pagny.

Ce barrage aura 100 mètres de longueur pour la partie fixe, et cinq écluses de chaque côté.

La distance au précédent barrage sera de 14,000 mètres, et la hauteur du couronnement au-dessus de l'étiage sera de deux mètres.

Le sixième sera construit entre Seurre et Chazelle, à 16,000 mètres du précédent.

La hauteur du couronnement du barrage sera de 2 mètres au-dessus de l'étiage.

La longueur de la partie fixe aura 100 mètres, et on construira de chaque côté cinq écluses de 8 mètres d'ouverture, les digues ayant peu d'élévation et le volume d'eau étant plus considérable.

Le septième sera construit à Verdun sur la rive droite à l'amont du confluent du Doubs.

Le canal de dérivation sera ouvert sur la rive droite, et partira à l'amont du confluent pour être conduit à l'aval au-delà des bancs de sable du confluent, et jusqu'au point où la rivière a repris sa profondeur et son régime.

La hauteur du barrage sera de 2 mètres au-dessus de la ligne d'étiage.

Le huitième barrage sera formé à Châlons en éclusant le pont des Chavannes et les deux arches latérales de 13 mètres d'ouverture chacune du grand pont de Châlons.

Au pont des Chavannes on formera un radier général en beton sous les arches, qui sera soutenu à l'aval par un double rang de palplanches et par des enrochemens.

Le plafond du radier sera mis à 1 mètre en contre-bas de l'étiage.

Au milieu de l'ouverture de chaque arche, on élèvera un pieu en fonte fortement consolidé à sa base, sur une plate-forme en charpente coiffant les pieux, et soutenu à son extrémité supérieure par des madriers jointifs.

On pratiquera des rainures aux avant-becs qui seront élevés verticalement jusqu'à la hauteur de la route.

Les pouterelles seront manœuvrées par des cabestans placés sur le pont.

A côté du pont des Chavannes on construira un sas en maçonnerie de 12 mètres de passage et de 50 mètres de longueur entre les buscs, pour le passage des bateaux à vapeur.

Les deux arches existantes du pont de Châlons seront de même éclusées ; pour augmenter la retenue à l'amont du pont et donner un tirant d'eau suffisant jusqu'au confluent du Doubs et de la Saône.

Récapitulation des barrages.

DÉSIGNATION.	HAUTEUR DU COURONNEMENT au-dessus de l'étiage.	DISTANCE entre LES BARRAGES.
Barrage de Gray.	m.	m.
1er *idem* du Port-au-Trègue . . .	2,000	15.000
2e *idem* d'Heuilly	2,000	13.000
3e *idem* de Poncet	2,000	19.000
4e *idem* du Mailly-le-Port	2,000	18.000
5e *idem* de Pagny-la-Ville	2,000	14.000
6e *idem* de Chazelle.	2,000	16.000
7e *idem* de Verdun.	2,000	15.000
8e *idem* de Châlons.	2,348	24.000
	m. 16,348	m. 134.000

Art. 11. *Dépenses des travaux.*

La navigation de la Saône, où débouchent quatre canaux navigables, étant l'une des plus importantes de la France, nous avons pensé que les barrages et écluses devaient être construits en maçonnerie de mortier.

Mais les dépenses étant beaucoup plus considérables, les droits de navigation devront aussi être plus élevés.

Si on estime qu'on doit plutôt chercher la diminution du tarif que le perfectionnement des ouvrages et de la navigation, on pourrait faire le barrage en pierres sèches et les écluses en bois.

On pourrait aussi diminuer la dépense en réduisant la longueur des canaux de dérivation; on aurait moins de terrasse à faire, moins de terrains à payer, mais dans ce cas la navigation serait moins parfaite.

Le choix entre les divers modes de construction sera déterminé par le tarif des droits de navigation à percevoir et la durée de la concession.

Le gouvernement se bornant à déterminer les dimensions des travaux et ne demandant pas les devis estimatifs des dépenses, nous ne présentons pas les résultats des évaluations.

Art. 12. *Tarif des droits de navigation.*

Les droits de navigation sur les canaux de Bourgogne et du Rhin au Rhône ont été fixés par distances de 5.000 mètres, et par 1000 kilogrammes terme réduit, savoir :

Froment, vins, cristaux, etc., à.	40 centimes
Métaux, faïence, verre.	30
Par mètre cube de pierre, charbon de terre, bois d'équarrissage, bois à brûler	20
Pierres mureuses, sable-gravier.	10

Les droits maintenant perçus sur la Saône sont réglés conformément au tableau n° 1.

Des bateaux qui parcourent, soit à la remonte, soit à la descente, une partie des distances comprises entre les villes de Gray, Pontarlier, Auxonne, Saint-Jean-de-Losne, Châlons, Tournus, Mâcon, Trevoux, Lyon, payent comme si la totalité de ces distances était parcourue.

TABLEAU N° 1.

Droits de navigation perçus sur la Saône.

(Arrêté du 20 avril 1804.)

DÉSIGNATION des BUREAUX DE PERCEPTION.	DISTANCE entre les BUREAUX.	DÉSIGNATION DES BATEAUX ET TRAINS.						DÉSIGNATION DES MARCHANDISES.						BATEAUX VIDES.			
		1re CLASSE. Pennelles, chêne, gabernes, barques.		2e CLASSE. Baches, pontons.		COUPONS de merrins, de bois de charpente.		SEL, VIN, EPICERIES, METAUX. 1re CLASSE. Pennelles.		SEL, VIN, EPICERIES, METAUX. 2e CLASSE. Pontons.		PIERRES.		1re CLASSE. Pennelles.		2e CLASSE. Pontons.	
	mètres.	fr.	c.	fr.	c.	fr.	c.	fr.	c.	fr.	c.	fr.	c.	fr.	c.	fr.	c.
PREMIER BUREAU. SAINT-JEAN-DE-LOSNE. — De Gray à Saint-Jean-de-Losne, et réciproquement.	71,000	14	00	10	50	7	00	21	00	15	75	5	60	4	67	3	50
DEUXIÈME BUREAU. CHALONS. — De Châlons à Saint-Jean-de-Losne, et réciproquement.	63,000	11	00	8	50	5	50	16	50	12	37	4	40	3	67	2	75
TROISIÈME BUREAU. MACON. — De Mâcon à Châlons, et réciproquement.	74,000	12	00	9	00	6	00	18	00	13	51	4	40	4	00	3	00
QUATRIÈME BUREAU. LYON. — De Lyon à Mâcon, et réciproquement.	81,000	16	00	12	00	8	00	24	00	18	00	6	40	5	35	4	00
TOTAUX. . .	289,000	53	00	40	00	26	50	79	50	59	63	20	80	17	69	13	25

TABLEAU N° 2.

Tonnage des bateaux, enfoncement, nombre des bateaux passés en 1824.

DÉSIGNATION des BATEAUX.	CHARGE EN TONNEAUX DE 1000 KILOGRAMMES.		TIRANT D'EAU,			NOMBRE DES BATEAUX PASSÉS EN 1824.			
						A CHARGE.		A VIDE.	
	Possible.	Effectif.	A CHARGE ENTIÈRE.	A VIDE.	EFFECTIF utile à charge entière.	Remontés.	Descendus.	Remontés.	Descendus.
	tonneaux.	tonneaux.	m.	m.	m.	bateaux.	bateaux.	bateaux.	bateaux.
PREMIÈRE CLASSE. Pennelles, chênes savoyards, bateaux du canal.	131	83	1,137	0,229	0,908	550	1650	920	75
SECONDE CLASSE. Savoyardeaux, baches, pontons.	42	24	0,731	0,148	0,583	15	190	80	5
					TOTAUX. . .	565	1840	1000	80
					DIFFÉRENCE.	1275		920	

Nota. Non compris les trains de bois de merrains et de charpente.

TOTAL des bateaux chargés et vides	en descente. . .	1920
Idem *idem*	en remonte. . .	1565
	DIFFÉRENCE.	355

TABLEAU N° 3.

Prix ordinaire du transport par eau sur la Saône, par tonneau de 1000 kilogrammes.

		DISTANCE en KILOMÈTRES.	A LA DESCENTE. EAUX bonnes.	A LA DESCENTE. EAUX basses.	A LA REMONTE. EAUX bonnes.	A LA REMONTE. EAUX basses.
		kilomètres.	fr. c.	fr. c.	fr. c.	fr. c.
De Lyon à Gray		289	» »	» »	17 00	22 50
De Châlons à St-Jean-de-Losne.		63	» »	» »	6 00	8 00
Grains et légumes secs.	De Gray à Lyon.	289	10 00	13 50	» »	» »
	De Gray à Châlons.	134	6 00	7 50	» »	» »
Fer et fonte, métaux.	De Gray à Lyon.	289	13 00	» »	» »	» »
	De Gray à Châlons.	134	9 00	» »	» »	» »
Objets de sableries.	De Gray à Lyon.	289	16 00	» »	» »	» »
	De Gray à Châlons.	134	12 00	» »	» »	» »

Le prix de la voiture à la descente est le même pour toutes les marchandises de peu de valeur; mais les prix varient en bonnes eaux, ou en eaux basses, pour le transport des grains, des légumes secs et des épiceries; les retards occasionent des avaries et une perte d'intérêt.

Remarques sur les tableaux précédens dressés d'après des documens officiels.

Les bateaux qui naviguent entre Châlons et Gray sont en très grande partie de la 2e classe, ou d'un tonnage effectif à charge de 24 tonneaux.

On paie de Châlons à Gray, et réciproquement, pour droits de navigation :

	PAR BATEAU de 24 tonneaux		PAR TONNEAU	
1° Vin, sel, métaux.	28 fr.	12 c.	1 fr.	172
2° Autres marchandises	19	»	»	792
3° Pierres.	10	»	»	417
4° Bateaux vides.	6	25	»	259
Le prix du transport à la remonte de Châlons à Saint-Jean-de-Losne pour 63 kilomètres étant				
En bonnes eaux de.	6	»		
En eaux basses de.	8	»		
Et de Châlons à Gray,				
En bonnes eaux de.	12	»		
En basses eaux de	16	»		
Et à la descente terme réduit de. .	9	»		

Il en résulte que les droits de navigation ne s'élèvent pas, terme réduit, soit à la remonte, soit à la descente, au dixième du fret total.

Après le perfectionnement de la navigation, le fret baissera; les bateliers ne seront plus obligés de prélever les pertes causées par la vente et le déchirement des bateaux, par les retards au temps des basses eaux; par l'obligation de revenir par terre, et sans faire de bénéfice en retour. Toutefois, on doit faire observer que les avantages procurés au commerce seront plus grands à la remonte qu'à la descente; il est donc juste aussi de ne prélever que des droits moindres à la descente.

Nous pensons que les droits de navigation doivent être fixés à la différence du fret pendant les bonnes eaux et les eaux basses. Cette différence de Châlons à Saint-Jean-de-Losne est de 2 fr. par tonneau sur 63 kilomètres; on peut la compter à la descente à moitié de ces chiffres.

Le nombre des barrages entre Châlons et Gray étant de 8, on diviserait 2 fr. 50 c. à la descente, et 5 fr. à la remonte par 8 pour déterminer les droits par barrage.

Le prix serait à la remonte par tonneau
Et par barrage de. . . . . » fr. 62 c.
Et à la descente de . . . . » 31
Le prix par tonneau et par barrage, sur la Tamise, est de. . . . . » 32

Pour donner au commerce de plus grands avantages, il paraît nécessaire de réduire ces chiffres, et de graduer les prix selon la nature des chargemens.

En conséquence nous proposons de fixer ainsi qu'il suit le tarif:

Par tonneau de marchandises et par barrage

à la remonte	1° Vins, sel, épiceries métaux. . . .	» fr.	40 c.
	2° Marchandises diverses.	»	30
	3° Pierres, charbon de terre.	»	20
	4° Bateaux vides, en raison du tonnage .	»	10
à la descente	1° Vin, sel, épiceries, métaux.	»	30
	2° Marchandises diverses	»	20
	3° Pierres et charbon de terre	»	10
	4° Bateaux vides et par tonneau . . .	»	05

D'après ce tarif, il en coûtera de Gray à Châlons par tonneau pour tout le trajet ou par distance de 5,000 mètres :

La longueur étant de 134,000 = 27 distances.

		TOTAL		Par distance de 5,000 m.	
à la remonte	1° Vin, sel, épiceries, métaux.	3 fr.	20 c.	» fr.	11 c.
	2° Marchandises diverses. .	2	40	»	089
	3° Pierres, charbon de terre.	1	60	»	063
	4° Bateaux vides par tonneau de chargement. . . .	»	80	»	029
à la descente	1° Vin, sel, épiceries, métaux.	2	40	»	089
	2° Marchandises diverses. .	1	60	»	063
	3° Pierres, charbon de terre.	»	80	»	029
	4° Bateaux vides, par tonneau de chargement .	»	40	»	0019

Ce tarif est environ le quart des droits établis sur les canaux qui viennent déboucher dans la Saône.

Comme le perfectionnement de la Saône augmentera comme ailleurs, peut-être du double et même du triple, le tonnage des marchandises qu'on transportera sur les canaux, les droits de navigation devront y être baissés de manière que le commerce n'eût pas à supporter la surcharge de nouveaux droits établis sur le cours perfectionné de la Saône.

Dans le cas même où cette juste réduction ne serait pas obtenue sur les canaux, on aurait encore l'assurance que le prix du fret, malgré les nouveaux droits, baisserait, et que le tonnage des marchandises transportées augmenterait rapidement sur cette rivière.

En effet, les marchandises expédiées par terre entre Lyon et Gray seraient voiturées par la Saône, et beaucoup d'objets qui restent sur place sans valeur, en raison de la lenteur, de l'incertitude et de la cherté de la navigation actuelle seraient exploités et expédiés, avec bénéfice pour les producteurs et les consommateurs.

En réglant le maximum du projet de tarif, nous avons supposé que les barrages et les écluses seraient faits en maçonnerie de mortier avec chaux hydraulique. Mais si on se bornait à construire le barrage en pierres sèches et les écluses seulement en maçonnerie de mortier, la dépense se trouverait réduite de moitié.

Si même on exécutait tous les onvrages en bois et en pierres sèches, la dépense diminuerait des deux tiers; dans l'un et l'autre cas le tarif devrait subir en conséquence une réduction de moitié ou des deux tiers.

Mais nous avons pensé qu'en raison de l'importance de la navigation de la Saône, on ne saurait apporter trop de soin à prévenir les avaries auxquelles sont exposés des ouvrages peu solides, les interruptions de la navigation qu'elles causent, et toutes les pertes que le commerce et le pays en éprouveraient.

En admettant que les ouvrages soient construits comme ils ont été projetés, nous pensons que pour obtenir l'intérêt ordinaire des fonds dépensés il faut admettre le tarif proposé.

ART. 13. *Evaluation des produits.*

La navigation de la Saône, comme celle des autres grandes rivières, devient plus active à mesure qu'on s'approche de son embouchure ; et les bateaux ont aussi un plus fort tonnage.

	Bateaux et Trains.
Il ne passe à Gray à l'écluse que	660
et à la portière	115
En tout. . . .	775

Et quoique ces bateaux puissent prendre un chargement de 40 à 60 et 80 tonneaux, on ne peut les compter qu'à. . . 24 tonneaux

Mais au-dessous de Gray chaque ville a son port, et chaque port est alimenté par les exploitations des environs ; on citera surtout les chargemens considérables qui se font à Auxonne, à Saint-Jean-de-Losne, à Seurre et à Verdun.

Après l'achèvement du canal de Bourgogne, la navigation de la Saône prendra une plus grande extension.

A Châlons il passe chaque année à la descente :

Bateaux chargés	1830
Bateaux vides	80
A la remonte, bateaux chargés	565
Bateaux vides.	1100
Le tonnage effectif des grands bateaux est de. . .	80 tonneaux
Mais le chargement possible est de.	130

Nous supposerons 1° qu'après les travaux de la Saône, et par leur influence, tous les bateaux remonteront chargés ;

2° Que le tonnage de chacun sera au moins de 80 tonneaux, comme sur plusieurs canaux qui débouchent dans cette rivière ;

3° Que la moitié des bateaux ira de Gray à Châlons, et réciproquement ; et l'autre moitié de Châlons aux canaux de Bourgogne et du Rhin au Rhône, et réciproquement.

Ainsi le nombre de bateaux à la descente à Châlons sera, d'après le tableau n° 2, de 1920
lesquels, par bateau, à. 80

font à la descente un tonnage de. . . . . 153,600 tonneaux
à la remonte. . . . *idem* 153,600

A la remonte la moitié des bateaux prendra les canaux de Bourgogne et du Rhin au Rhône, l'autre moitié continuera jusqu'à Gray; il arrivera à Gray en passant par les 8 barrages, des marchandises diverses, d'un tonnage. 76,800

Et il passera entre Châlons et les canaux cités. . 153,600

Il reste à diviser ces marchandises d'après leur nature; nous ferons connaître les documens recueillis pour le classement de ces marchandises.

TABLEAU N° 4.

Rapport entre le tonnage des marchandises diverses transportées par la Saône d'après les relevés faits à Châlons, la quantité totale étant supposée de 20.

DÉSIGNATION DE LA MARCHE DES BATEAUX.	DÉSIGNATION DES PRINCIPAUX ARTICLES TRANSPORTÉS.	ESTIMATION DE LA PROPORTION entre les PRINCIPAUX ARTICLES.
A LA DESCENTE :	Grains et légumes secs	11 1/2
	Farines.	2
	Fers	2
	Merrains.	2
	Foin	2
	Articles divers	0 1/2
A LA REMONTE :	Boissons	10
	Charbon de terre.	3
	Sel.	3 1/2
	Pierres et briques	1 1/2
	Épiceries et autres articles. .	2

Il est évident que lorsque les transports augmenteront par la facilité de la navigation, le tonnage du vin, du sel, des épiceries, des grains, ne croîtra pas dans le même rapport. L'accroissement se fera plus particulièrement sentir sur les marchandises de moindre valeur, sur le charbon de terre, les pierres, et autres matières communes.

Il faut donc ne porter ces marchandises que pour le tonnage actuel, transporté soit par la Saône, soit par les grandes routes, et faire porter les éventualités principalement sur les articles 2 et 3 du tarif.

Le tonnage actuel de la Saône au-dessus de Châlons ne peut pas être compté au-delà des chiffres suivans.

A la descente 1830 bateaux à 60 tonneaux. . . 109,800 t^x^
A la remonte 565 à 40. 22,600

Divisant ces quantités d'après le tableau précédent et par les articles nous aurons :

à la descente	1° Vin, métaux.	11,000 t^x^
	2° Objets divers, blé, farine, foin. . .	90,000
	3° Pierres	8,000
remonte	1° Vin, sel, épiceries, métaux. . . .	16,560
	2° Objets divers, blé, farine, foin. . .	1,500
	3° Pierres, charbon de terre. . . .	4,540

Nous évaluerons ainsi qu'il suit le tonnage qui aura lieu après les améliorations proposées :

à la descente	1° Vins, métaux.	30,000 t^x^
	2° Blé, farine, foin, objets divers. . .	113,600
	3° Pierres, sable, etc.	10,000
à la remonte	1° Vin, sel, épiceries, métaux. . . .	33,600
	2° Blé, farines, objets divers. . . .	50,000
	3° Pierres, charbon de terre. . . .	70,000

En appliquant à ces quantités les prix fixés au passage de chaque barrage, nous trouvons :

		Tonneaux	cent.	francs
à la descente	1° Vin, métaux.	30,000	à 30 =	9,000
	2° Blé, farine, objets divers.	113,600	à 20 =	22,720
	3° Pierres, etc.	10,000	à 10 =	2,000
à la remonte	1° Vin, sel, épicerie, métaux.	33,000	à 40 =	13,200
	2° Blé, farine, objets divers.	50,000	à 30 =	15,000
	3° Pierre, charbon de terre.	70,000	à 20 =	14,000

Total par barrage entre Châlons et l'entrée des canaux de Bourgogne et du Rhin au Rhône. . , ... fr. 75,920

Recette par chaque barrage supérieur la moitié de cette somme. 37,960

Prix moyen par barrage. . . . . . fr. 56,940

D'après le montant des devis estimatifs, ce revenu brut, dont il faut retrancher les frais d'entretien et de perception, ne rendrait pas l'intérêt des fonds dépensés, si tous les ouvrages étaient exécutés en maçonnerie de mortier ainsi qu'on le propose.

Mais il faut ajouter à ces résultats le revenu des chutes d'eau et la vente des eaux pour irrigation des campagnes riveraines.

Ces divers produits s'élèveront à des sommes assez considérables si la compagnie fait les travaux nécessaires pour assurer l'irrigation des prairies, et le service des usines.

L'entreprise de l'amélioration de la Saône aura surtout les meilleurs résultats, si elle est accordée aux grands propriétaires associés moins dans le but d'obtenir des intérêts élevés des fonds dépensés, que dans l'intention d'enrichir leur pays. Les départemens du bassin de la Saône jusqu'ici délaissés, et qui paient cependant leurs quotes parts des travaux ordonnés ailleurs par le gouvernement sur les fonds des contribuables et pour le profit unique de quelques localités privilégiées, ne parviendront à obtenir les améliorations nécessaires que lorsqu'elles seront réclamées, soumissionnées et exécutées par les personnes les plus éclairées réunies en association dans ce but.

CHAPITRE V.

AVANTAGES PROCURÉS PAR LE PERFECTIONNEMENT DE LA NAVIGATION DE LA SAÔNE.

Art. 14. *Agriculture.*

Le bassin de la Saône, de Gray à Lyon, peut être considéré comme le sol le plus riche de la France, et le plus privilégié de la nature, en raison de sa position, de la douceur du climat, et des belles rivières qui l'arrosent.

On compte sur les bords de la Saône beaucoup de villes peuplées et commerçantes qui ne s'approvisionnent que par cette rivière, et dont l'accroissement de prospérité est arrêté par le mauvais état de la navigation.

Les terrains riverains de la Saône, sur une grande étendue, étant exposés à de fréquentes inondations, sont laissés en prairies et ne donnent pas en produits la moitié des revenus qu'on en retirerait par la culture et de bons assolemens.

Quelquefois de grandes crues arrivent au moment de la première ou de la deuxième récolte des prairies; les eaux entraînent les foins coupés, et beaucoup de fermiers se trouvent ruinés.

Dans les étés très secs, nulle irrigation n'étant possible, les fourrages manquent, et les cultivateurs sont forcés de vendre une partie de leurs bestiaux; de là diminution d'engrais et de produits les années suivantes.

Les cultivateurs qui habitent sur les coteaux de la rive droite, privés de la navigation pendant les temps les plus favorables aux travaux, ne peuvent transporter des engrais et des récoltes, ni conduire à bas prix, dans les marchés éloignés, leurs productions journalières.

Le charbon étant très cher sur les bords de la Saône, les agriculteurs ne peuvent établir avec avantage des manufactures de sucre de betteraves sur les terres les meilleures pour cette culture, qui demande un sol profond, léger, et une température douce comme celle du bassin de la Saône.

Le perfectionnement de la Saône, en facilitant les transports, augmenterait la valeur foncière et locative de tous les terrains.

Au moyen des retenues par les écluses, on pourrait arroser les prairies, en doubler et tripler les produits.

Les digues qu'on établirait dans la suite garantiraient les terrains des inondations, et permettraient de cultiver en lin, en chanvre, en tabac, en betteraves les parties basses en très bon sol, et maintenant de peu de valeur.

Les cultivateurs approvisionneraient avec abondance, à plus bas prix, et avec plus de profit pour eux, les villes de Lyon, de Mâcon, de Châlons et les marchés intermédiaires.

Les rivières et ruisseaux, affluens de la Saône, étant rendus navigables à de grandes distances par ces retenues, les cultivateurs de l'intérieur de la plaine feraient leurs transports par bateaux et avec plus d'avantage.

Par le développement de l'agriculture, dans les campagnes riveraines de la Saône, et par l'abondance et le bon marché des produits qui en seraient les résultats, les ouvriers de Lyon et des autres villes manufacturières se nourriraient à plus bas prix, fabriqueraient à meilleur marché ; ainsi la prospérité de l'agriculture assurerait celle des fabriques au dedans par la consommation plus grande des cultivateurs plus aisés, au dehors par l'abaissement des prix de tous les objets manufacturés.

Les fruits, les légumes, presque sans valeur dans les campagnes des bords de la Saône, par la difficulté ou la lenteur des transports, seraient demandés, envoyés dans les villes, et vendus avec avantage, lorsque des bateaux feraient, de Gray à Lyon, un service régulier, et en moins de vingt-quatre heures.

Les bateaux de la Haute-Saône, qu'on brise en raison des frais de remonte, ramèneraient de Lyon de riches engrais qui fertiliseraient les terres des campagnes voisines.

Un meilleur système d'assolement serait suivi sur les terres riveraines où les récoltes sont incertaines; on cultiverait des plantes légumineuses, oléagineuses, des prairies artificielles qui, étant arrosées dans les temps convenables, donneraient trois ou quatre fois plus de revenus que les prairies actuelles.

Il faut aussi faire remarquer que la Saône, dans son état présent, ayant une pente rapide, change de lit, ronge et entraîne les terres dans les courbes rentrantes, et cause de grands dégâts. Les barrages construits, la vitesse serait réduite et son cours plus régulier et plus constant. Les digues établies, les riverains n'auraient plus de dommages à redouter, et construiraient des fermes sur les bords de la rivière.

Art. 15. *Manufactures.*

De grandes fabriques ne prospèrent que sur les bords de bons canaux de navigation; aussi remarque-t-on que presque toutes les manufactures de France et d'Angleterre se trouvent concentrées dans les villes et les campagnes traversées par des canaux navigables, et que la plupart des fabriques qui avaient été établies à une grande distance des rivières navigables ont dû plus tôt ou plus tard se fermer.

En effet, les frais de transport entrant pour une portion considérable dans les prix des marchandises, et ces frais étant d'autant plus élevés que les communications sont moins parfaites, les fabriques sur les bords des canaux obtiennent une plus grande économie relative, et par suite le monopole de la vente. Les établissemens éloignés des ports intérieurs ayant plus de frais de transport à payer, ne peuvent soutenir la concurrence, et ruinent les fondateurs.

On doit attribuer en partie au mauvais état de la navigation de la Saône les crises commerciales de Lyon; son état stationnaire; l'impossibilité d'y élever avec avantage les diverses manufactures, où l'on emploie des matières premières lourdes. Si ces causes agissaient long-temps encore, elles détermineraient le déplacement de l'industrie dont Lyon a conservé long-temps le monopole, et que l'excès des impôts avait auparavant chassé de Venise, de Lucques, de Hollande.

L'industrie lyonnaise des soies tend à se porter en Suisse et en Allemagne, où la main d'œuvre est à meilleur marché en raison de la différence du taux des contributions et du prix de la nourriture de l'ouvrier; elle se fixe surtout à Manchester où viennent déboucher tous les canaux d'Angleterre, où le charbon, et par conséquent la dépense en machines comme moteur, coûte deux fois moins cher qu'à Lyon.

L'établissement des barrages sur la Saône permettrait de construire à Lyon et sur la rivière diverses fabriques dont l'exploitation favoriserait l'industrie de Lyon.

La force à disposer à chaque chute est évaluée à 600 chevaux travaillant vingt-quatre heures, ou à raison de douze heures de travail à . . . . 1,200 chevaux.

La force d'un cheval est égale à celle de 7 hommes, chaque chute aura donc une force en hommes de. . . . . 8,400 hommes.

Huit chutes à ce taux font. . . . . 67,200 hommes.

Ainsi la force créée serait plus grande que celle employée dans les fabriques de Lyon, par toute la population manufacturière de cette ville.

Les négocians de Lyon ayant des établissemens sur la Saône pourraient, au moyen de bateaux à vapeur, y arriver, les surveiller avec plus de facilité et à moindres frais que dans l'intérieur des terres et seulement à quelques lieues de la ville et de la Saône.

Ces chutes seraient principalement employées à la filature et au tissage du coton, du lin et de la laine; au moulinage de la soie; à la fabrique des rubans, des lacets, et enfin à beaucoup d'autres industries qui demandent à se fixer dans la sphère d'activité manufacturière de la ville de Lyon.

Les classes ouvrières des villes de Mâcon, Châlons, Tournus, Saint-Jean-de-Losne, Seurre, et les populations des campagnes riveraines trouveraient une occupation journalière et bien rétribuée dans ces nouvelles manufactures.

L'abaissement du prix du charbon à Gray et dans les ports supérieurs de la Saône aurait des avantages inappréciables; les usines à fer de la Champagne et de la Franche-Comté, maintenant en souffrance, prendraient une activité nouvelle, et auraient moins à redouter la concurrence des usines au cocks de l'Angleterre.

On sait que les montagnes qui avoisinent Gray contiennent des mines abondantes et inépuisables de fer de bonne qualité; et que par les nouveaux procédés de fabrication il y a autant d'avantage à transporter le cock sur la mine de fer, que le minerai de fer près des mines de charbon. On a donc l'assurance que le perfectionnement de la navigation de la Saône et de ses affluens rendrait à l'industrie du fer sa première prospérité dans les contrées voisines.

Art. 16. *Commerce.*

Les départemens du Midi et de l'Est, les bords de la méditerranée et du Rhin ont des productions différentes comme leurs climats, et des fabriques de genres divers, où s'emploient spécialement les matières premières de ces contrées. Ces populations ont entre elles des relations nombreuses, et font de continuels échanges en marchandises de toute nature.

La Saône améliorée deviendrait le grand centre de commerce entre l'Italie et l'Allemagne; entre la Bretagne, la Provence, l'Alsace et la Lorraine; entre le Piémont et Paris.

Jusqu'ici les marchandises expédiées de Lyon, de Strasbourg, Paris, et réciproquement, repoussées par le mauvais état de la navigation de la Saône, ont été transportées par terre; de là des frais d'entretien très considérables, des routes dégradées, et le commerce fort restreint.

Le perfectionnement de la Saône considéré dans ses résultats serait, pour ainsi dire, une création ; de nouvelles voies de trafic seraient ouvertes, et en peu d'années le tonnage transporté augmenterait considérablement.

La Saône améliorée et les canaux adjacens achevés, on n'aurait plus à craindre la disette et la famine qui ont décimé en 1810, 1813 et 1817 les départemens du bassin de la Saône.

On transporterait en peu de jours, dans les départemens intérieurs, les blés tirés de l'entrepôt de Marseille ; ou si les récoltes étaient abondantes dans les départemens des bords du Rhin, de la Meuse, de la Moselle, et dans le bassin de la Saône, et si en même temps elles manquaient dans le Midi et sur le littoral de la Méditerranée, le trop plein serait de même versé en peu de temps à bas prix des premières contrées dans les secondes.

Dans l'état actuel de la Saône, ses échanges sont difficiles, cette rivière manquant d'eau aux époques de l'année où les effets de la disette sont plus à redouter.

En définitive, le commerce des vins, des eaux-de-vie, du sel, du savon, des huiles du Midi, des toiles de lin et de coton, et de tous les objets fabriqués dans le Nord et l'Est, deviendrait beaucoup plus actif.

Ainsi aucune entreprise en France ne présente au commerce des résultats plus heureux et mieux assurés.

Art. 17. *Garage des bateaux.*

Pendant les débâcles, les grandes eaux et les glaces entraînent les bateaux , les font couler, et occasionent des pertes considérables.

Sur toute la ligne entre Gray et Lyon , la Saône n'a pas un port sûr , une seule gare éclusée où l'on puisse mettre les bateaux à l'abri des glaces.

D'après les projets, il serait établi une gare vaste et fermée au moyen d'un canal de dérivation près des barrages.

Les bateaux surpris par les gelées, ou les débâcles, dans le trajet entre Lyon et Gray, se rendraient des divers points, en moins de deux heures, dans l'un des canaux de dérivation, où ils seraient à l'abri de tout danger. Le commerce n'aurait plus à supporter les dommages qu'il éprouve dans l'état actuel de la navigation.

On peut évaluer, au moins à 300,000 francs, terme réduit, les pertes annuelles des négocians par suite des débordemens et des glaces de la Saône.

ART. 18. *Réduction des frais de navigation.*

Les bateaux de la Saône n'ayant qu'un tonnage effectif moyen de 80 tonneaux dans le parcours entre Châlons et Saint-Jean-de-Losne, et de 25 tonneaux à la remonte jusqu'à Gray, tous les frais doivent être supportés par ce faible tonnage.

Lorsque la navigation sera perfectionnée, le chargement moyen des bateaux sera de 150 tonneaux; sur la Saône et successivement de 80, à 150 et 200 tonneaux sur les bateaux des canaux; en raison de l'augmentation du tirant d'eau; ce trajet se fera en moins de temps et avec moins de dépenses de halage.

On peut ainsi répartir les frais et le fret entre Châlons et Gray pour la remonte d'un bateau de 25 tonneaux dans l'état actuel de la Saône, et plus tard pour la remonte d'un bateau de 150 tonneaux après les travaux.

DÉTAIL DES FRAIS, DE CHALONS A GRAY, A LA REMONTE.	MONTANT DES FRAIS PAR VOYAGE.		RAPPORT DES FRAIS AU TONNEAU.		DIFFÉRENCE par tonneau DES FRAIS sur les bateaux de 150 tonneaux.
	BATEAU ACTUEL de 25 tonneaux.	NOUVEAU BATEAU de 150 tonn., après l'amélioration.	BATEAU de 25 tonneaux.	BATEAU de 150 tonneaux.	
	francs.	francs.	fr.	fr.	fr.
Ponts	40	60	1 60	0 40	—1 20
Chevaux de halage . . .	150	180	6 00	1 20	—4 80
Octroi de navigation. . .	19	360	0 76	2 40	+1 64
Gages de l'équipage . . .	50	60	2 00	0 40	—1
Nourriture de l'équipage.	40	50	1 60	0 333	—1 27
Usure des cordes.	35	40	1 40	0 267	—1 134
Usure du bateau.	30	40	1 20	0 267	—0 934
Intérêt du capital	40	70	1 60	0 467	—1 134
Bénéfice du propriétaire du bateau.	96	1370	3 84	9 266	+4 206
TOTAUX. . .	500	2250	20 00	15 000	—5 000

Nous avons calculé le prix du fret actuel à 20 francs par tonneau, ce qui donne pour 25 tonneaux . . . . . 500 fr.

Nous supposons que le fret à la remonte entre Châlons et Gray descendra à 15 francs.

150 tonneaux à ce prix font. 2,250

Le bénéfice du propriétaire, qui n'était dans le premier cas par voyage que de. 96

sera dans le second cas de. 1,270

c'est-à-dire plus de treize fois plus grand.

Indépendamment de cet avantage, le négociant qui ne peut maintenant expédier des marchandises que pendant six mois et dans la saison des crues, aux époques où les débâcles font éprouver des retards, des avaries, et quelquefois même la perte des bateaux; tandis qu'après le perfectionnement de la navigation, les transports se feront surtout en été, sans danger, et plus rapidement; de telle sorte que les commerçans feront les bénéfices de dix voyages par au lieu de deux, ou trois au plus; ils ne seront plus tenus de vendre à Lyon ou sur le Rhône leurs bateaux pour être déchirés par suite des frais considérables de la remonte, et de perdre une bonne partie des frais de fabrication, ou de prélever sur le fret, à la descente, les frais considérables de la remonte à vide.

ART. 19. *Intérêts publics liés au perfectionnement de la Saône.*

La prospérité de l'industrie agricole et manufacturière et du commerce, en se développant par l'influence d'une meilleure navigation, augmenterait la valeur de toutes les propriétés et le taux de toutes les contributions.

Les grandes routes seraient meilleures, et entretenues à plus bas prix.

Tous les canaux exécutés au compte de l'État, et dont il paie les intérêts aux capitalistes-prêteurs, donneraient plus de revenus; ainsi les pertes du trésor se trouveraient réduites, ou ses bénéfices augmentés.

En cas de guerre, les transports des troupes et des approvisionnemens se feraient plus rapidement et à meilleur marché.

Les départemens du midi et de l'est se trouveraient pour ainsi dire plus rapprochés; et la France présenterait un ensemble plus compacte, une nation plus homogène, riche par les arts de la paix, plus puissante sur ses frontières les plus exposées.

CHAPITRE VI.

AMÉLIORATIONS COMPLÉMENTAIRES ENTRE CHALONS ET LYON.

ART. 20. *Navigation.*

Le projet ne comprend que les travaux à exécuter entre Gray et Châlons; mais, cette tâche accomplie, on reconnaîtra bientôt la nécessité d'exécuter des ouvrages analogues entre Châlons et Lyon. Six barrages semblables aux précédens, exécutés entre ces villes, donneraient des résultats également avantageux. Seulement il faudrait construire un plus grand nombre d'écluses accolées à chaque barrage; on devrait aussi augmenter la longueur des barrages à mesure qu'on se rapprocherait du confluent, le volume de la rivière étant de plus en plus considérable.

Nous avons étudié dans Lyon un projet dont l'exécution faciliterait la descente des bateaux, préviendrait les accidens, et donnerait, à plusieurs lieues à l'amont, un tirant d'eau de 2 mètres dans les temps d'étiage.

Mais on ne peut proposer ce projet que lorsque les ouvrages supérieurs auront été jugés favorablement par un succès que nous croyons infaillible.

ART. 21. *Ponts suspendus.*

Les barrages sont projetés près des villages à proximité de contrées riches qui manquent en général de communication. Près de ces barrages seraient des gares spacieuses formant port; on reconnaîtrait bientôt l'utilité d'établir des ponts pour passer d'une rive à l'autre.

On pourrait construire un pont suspendu sur chaque barrage, et les dépenses en seraient acquittées par des péages, comme dans les autres localités.

Des routes seraient ouvertes sur chaque rive allant des villes les plus rapprochées; et les frais d'établissement en seraient de même remboursés par des péages, ou par des prestations en nature des communes intéressées.

Ces routes étant élevées au-dessus des plus grandes eaux de la Saône, garantiraient la plaine des inondations, lorsque les digues de la rivière auraient été rechargées au même niveau.

Art. 22. *Digues de la Saône.*

L'entreprise du rechargement des digues à trois mètres au-dessus du niveau de l'étiage, et celle des ponts de halage à construire, et de beaucoup de décharges et de prises d'eau à établir devant s'élever à une somme de 1,000,000 fr. seraient immédiatement exécutées; mais ce travail très utile et presque suffisant pour le service de la navigation, ne garantirait pas les prairies des inondations, et le pays des pertes qu'il éprouve lorsque les débordemens ont lieu au moment des récoltes de fourrage.

Nous avons représenté que cette grande amélioration devrait être exécutée aux frais des communes riveraines, et qu'il fallait de nécessité comprendre dans le projet le rechargement de tous les affluens de la rivière; autrement les digues de la Saône retiendraient les eaux fournies par les affluens débordés, et empêcheraient l'écoulement des eaux répandues dans les prairies basses.

Les dépenses des ouvrages à faire pour élever les digues de la Saône et des affluens au-dessus du niveau des plus hautes eaux, seraient remboursées en peu d'années par l'accroissement de tous les produits. Les terres très fertiles de la plaine alors cultivées, et soumises à de bons assolemens, produiraient en valeur un revenu double de celui des récoltes en foin.

On propose de former une association entre tous les propriétaires de la vallée par département ou par arrondissement; ou même par canton, et de faire exécuter les ouvrages sous la direction de leurs délégués et aux frais des propriétaires, imposés chacun en raison de l'étendue des parties de leur domaine comprises dans la zone des inondations.

Le pays, alors, au lieu d'une ou deux récoltes par an, fort incertaines, en fourrage seulement, obtiendrait, par an, comme dans les communes voisines de la Bresse, trois récoltes en deux années, en céréales ou plantes légumineuses d'une valeur nette beaucoup plus grande.

Maintenant la plaine de la Saône est dans l'état d'abandon des bords des fleuves dans les pays barbares; nulle amélioration n'a été obtenue, ni tentée; nul progrès n'est remarqué au milieu des contrées fertiles où la population nombreuse est fort instruite et très entreprenante.

On profiterait du mouvement d'activité que produirait le perfectionnement de la navigation, pour appeler l'attention des propriétaires riverains sur l'utilité de l'endigage général de la Saône et de ses affluens, et pour obtenir leur concours nécessaire à l'exécution de cette grande amélioration.

CHAPITRE VII.

TRAVAUX SUPPLÉMENTAIRES FAISANT SUITE A L'AMÉLIORATION DE LA SAÔNE.

ART. 23. *Canalisation de la Haute-Saône.*

La Saône, qui est flottable depuis Gray jusqu'à Monthureux, sur une longueur de 132,500 mètres, peut être canalisée sur toute cette étendue, d'après le même système proposé entre Gray et Châlons, mais en réduisant la longueur du barrage fixe et l'ouverture ou le nombre d'écluses latérales.

On ferait ainsi pénétrer la navigation dans le département des Vosges, riche en forêts, en mines, en belles carrières, en minerais divers. Le charbon de terre étant transporté à bas prix, les usines de la Haute-Saône et des Vosges prendraient un plus grand développement et donneraient plus de bénéfices.

Maintenant le département des Vosges est isolé, sans communications navigables, presque sans industrie, toujours appelé à payer sa quote-part des améliorations intérieures, dont il ne retire aucun avantage direct.

Mais l'entreprise de l'amélioration de la Haute-Saône ne peut être tentée que lorsque l'exécution des ouvrages entre Gray et Châlons sera irrévocablement assurée et en partie achevée.

Le flottage sur la Haute-Saône se fait au moyen de pertuis ou écluses simples de 4 mètres à 8 mètres d'ouverture ; le passage de quelques trains de bois dépensant les eaux des biefs, le service de la navigation et celui des usines est en été pendant un ou deux jours suspendu.

Cette navigation imparfaite ne peut maintenant servir qu'au

transport du merrain et des bois de sapin. Les bois sont voiturés des forêts à Monthureux, où on les jette dans la Saône, et on les fait flotter jusqu'à Jouvelle et Corre; arrivés à ces ports, on les met en trains et on les conduit jusqu'à Lyon, Beaucaire et Marseille.

Art. 24. *Jonction de la Saône à la Moselle et à la Meuse.*

Nous avons publié dans un mémoire particulier les documens relatifs au projet de cette jonction proposée à des époques reculées et reproduites dans le dernier siècle; et nous avons fait connaître les avantages qu'elle procurerait à plusieurs départemens.

La jonction de la Saône à la Meuse est également praticable et donnerait de semblables résultats, en mettant en communication les départemens compris dans les bassins de la Meuse et du Rhin avec ceux des bassins de la Saône et du Rhône.

Les régions de l'est et du midi de la France ont des productions variées et différentes dont les échanges seraient très multipliés, si on ouvrait entre elles une voie navigable.

Ces départemens ont été jusqu'à présent comme délaissés par l'administration; aussi on n'y aperçoit pas ce mouvement de vie, ces signes de prospérité si remarquables dans les localités traversées par de bons canaux.

Malgré la fertilité du sol, la richesse des mines, les populations laborieuses de l'est restent sans fabriques et dans un état stationnaire, parce qu'elles manquent de communications par eau.

Art. 25 *Perfectionnement de la navigation du Rhône entre Lyon et Givors.*

La navigation de la Saône ne rendrait pas les avantages qu'on doit en attendre, si le Rhône restait dans son état naturel à l'aval de Lyon. Ce fleuve sans digues, abandonné à son cours naturel, change souvent de lit, ronge une de ses rives, dépose des attérissemens sur la rive opposée, et met des obstacles à la navigation par la rapidité des courans et la sinuosité de la ligne de plus grande profondeur.

Le perfectionnement de la navigation du Rhône, soit en lit de rivière, soit par un canal latéral, ne se rattache à notre objet que pour la partie entre Lyon et Givors; et c'est dans cette limite que se concentrent nos observations.

Nous avons vu que le charbon de terre composerait la moitié du tonnage des marchandises remontant la Saône; il faut donc s'attacher à rendre facile la navigation du Rhône entre la Saône et le canal de Givors qui sert au transport de la houille.

On peut également et avec certitude de succès ouvrir un canal artificiel entre Lyon et Givors, ou bien améliorer la navigation du Rhône par des barrages semblables et plus étendus que ceux de la Saône, et c'est ce dernier parti que nous proposons.

Le canal artificiel débouchant dans la plaine de la Guillotière ne saurait se lier avec la Saône qu'avec des galeries souterraines pour éviter la traversée de Lyon; cette entreprise ne rembourserait pas, par des péages, les frais extraordinaires de construction.

Au moyen de quelques barrages construits avec des dimensions convenables et les excellens matériaux qui abondent sur les bords du Rhône, on canaliserait ce fleuve avec autant de facilité, mais plus de dépenses que la Saône, et que la Tamise au-dessus de Londres.

Ces ouvrages achevés, les bateaux du canal de Givors arriveraient dans une journée à Lyon, et franchiraient sans peine les cataractes de cette ville, que le barrage inférieur ferait disparaître.

Nous considérons l'amélioration de cette partie du Rhône comme le travail le plus urgent et le plus utile au commerce de Lyon et de tous les départemens en relations journalières avec cette ville centrale.

ART. 26. *Canaux d'embranchement. Canal de Pont-de-Vaux ou de la Reyssouse prolongé jusqu'à Bourg, et canal de la Veyle; grandes routes de Bourg à Genève, et de Pont-de-Vaux à Saint-Claude par Saint-Amour et Orgelet.*

Le canal de Pont-de-Vaux allant de cette ville à la Saône est commencé depuis quarante-cinq ans, et n'est point terminé. En vain la ville de Pont-de-Vaux en réclame l'achèvement soit au compte des habitans, ou du gouvernement, soit aux frais d'une compagnie; nulle décision n'a été prise. Ces délais sont très préjudiciables aux populations des campagnes voisines qui portent au marché de Pont-de-Vaux leurs produits qu'on expédie à Lyon et dans le Midi.

Cet exemple, entre mille, montre la nécessité de donner aux autorités locales une intervention plus puissante, et de lever les obstacles opposés partout au développement de la prospérité dans ces contrées éloignées du centre du gouvernement, et par suite délaissées par lui.

Le canal de la Reyssouse prolongé de Pont-de-Vaux à Bourg, ferait arriver dans cette ville toutes les productions du Midi dont les habitans des montagnes du Jura et de la Suisse vont à plus grands frais s'approvisionner par voiture à Lyon.

La canalisation de la Veyle comme celle de la Reyssouse, ne présente aucune difficulté et tout porte à croire que les revenus paieraient un intérêt élevé du capital employé à ces deux nouvelles lignes navigables.

Les bateaux de Bourg transporteraient sur la Saône les bois et les fers du Jura et les marchandises de la Suisse, et en rapporteraient des houilles, des épiceries, et tous les produits du Midi.

Bourg alors deviendrait comme une succursale de Lyon; on pourrait y établir avec avantage diverses fabriques, et y donner de l'emploi aux ouvriers des arrondissemens voisins de Bourg, maintenant forcés par le manque d'occupations bien rétribuées de s'expatrier et de se fixer à Lyon, au grand détriment des campagnes, dont la population va se corrompre dans cette grande ville, et en revient misérable.

Sans ces canaux, le département de l'Ain restera tributaire des pays manufacturiers de France et de l'étranger; il ne fera partie de l'association nationale que pour en supporter les charges, sans participer aux avantages jusqu'ici réservés aux contrées traversées par de bons canaux.

D'autres ouvrages seraient aussi nécessaires pour rendre la navigation intérieure de l'Ain plus florissante; il faudrait perfectionner la grande route de Bourg à Nantua, ou plutôt la retracer en entier, et réduire les pentes en contournant les montagnes, ou même en ouvrant une galerie souterraine qui diminuerait la longueur du trajet de deux lieues.

Une autre route est aussi vivement réclamée, c'est l'achèvement de celle de Pont-de-Vaux à Saint-Amour, où vient déboucher la grande route de Genève par Saint-Claude et Orgelet. Il ne manque sur cette ligne que deux lieues à ouvrir et le pays contribuerait dans les dépenses. Entre Saint-Amour et Orgelet les travaux de redressement devraient être payés moitié par l'état et moitié par le département du Jura.

Au moyen de ces divers ouvrages et par suite du perfectionnement de la Saône, les propriétés de la Bresse à plusieurs lieues des canaux augmenteraient de moitié en valeur vénale et locative.

ART. 27. *Canalisation de la Seille, depuis la Saône jusqu'à Lons-le-Saulnier, et grande route de Lons-le-Saulnier à Genève, par Orgelet et Saint-Claude.*

Ce que nous avons dit du canal de la Reyssouse et de celui de la Veyle s'applique au canal de la Seille.

Nous ajouterons que la canalisation de la Seille jusqu'à Lons-le-Saulnier permettrait d'exploiter sur une plus grande échelle les mines de sel gemme découvertes à Montmorot et qui paraissent s'étendre jusqu'à Salins.

On recevrait à Lons-le-Saulnier à bon marché le charbon de terre de Rive-de-Gier, du Creuzot, etc., et on enverrait de cette ville sur la Saône du sel à plus bas prix que celui fourni par les salines de la Méditerranée.

On expédierait dans la Bresse les belles pierres de taille tirées des carrières de Creuzot, d'Arlay, de Voiteur.

Lons-le-Saulnier communiquant facilement avec la Saône par une voie navigable moins chère, on n'aurait plus à redouter dans les montagnes du Jura ni l'extrême cherté des céréales, ni la misère dans les temps de disette, ni la difficulté de vendre les produits dans les années d'abondance.

Le canal de la Seille devrait naturellement longer le cours de cette rivière jusqu'à Voiteur, où se trouvent les plus belles carrières de pierre de taille, et où s'étendent les bancs de sel gemme; mais il est plus avantageux d'arriver à Lons-le-Saulnier, où doit être placé le grand entrepôt de commerce entre les montagnes du Jura et de la Suisse, et les villes des bords de la Saône et du Rhône.

Si la ville de Lons-le-Saulnier a peu d'eau en été pour alimenter le canal, on sait maintenant s'en procurer partout abondamment par des puits artésiens et des machines.

On a craint, dans le Jura, que le canal de la Seille amenant en concurrence à Lons-le-Saulnier les vins du Midi d'un prix plus bas, en raison de la fertilité du sol et des avantages du climat, que ceux du Jura dont les récoltes sont incertaines et les frais de production plus élevés, ne devint préjudiciable aux propriétaires des vignes, et aux vignerons du département; mais ce danger peut être écarté en fixant, à la remonte du canal, le tarif des droits sur les vins à quatre fois, par exemple, le péage déterminé à la descente. Une modification de tarif ainsi calculée satisferait les vœux des propriétaires des pays vignobles du Jura.

Après l'établissement du port de Lons-le-Saulnier et la canalisation de la Seille; il faudrait encore, pour assurer la prospérité du

Jura, favoriser l'exploitation en grand, la riche mine de sel gemme de Montmorot, qui paraît s'étendre jusqu'à Salins, en accordant la suppression vivement et justement réclamée de l'impôt du sel. Il faudrait aussi perfectionner la grande route de Lons-le-Saulnier à Genève par Orgelet, Moirans et Saint-Claude.

Cette route, la plus courte de Paris à Genève, est peu fréquentée, en raison des pentes rapides, et des dangers de quelques passages escarpés; si on réduisait à 4 pour o/o les plus fortes pentes par de faciles développemens que les localités permettent ou indiquent, les voitures publiques iraient en dix heures de Lons-le-Saulnier à Genève, et les rouliers en vingt-quatre heures.

On pourrait abréger ce trajet par une galerie souterraine partant de la montagne au-dessus de Mijoux, et sortant au-dessus de Gex.

Sous le point de vue militaire, cette communication est des plus importantes; elle servirait à porter en peu de temps un corps d'armée sur Genève, et à défendre de l'invasion d'une armée austro-sarde notre frontière la plus vulnérable; des troupes ennemies ne se hasarderaient pas à marcher sur Lyon, ayant sur ses derrières des troupes appuyées sur le revers du Jura.

Art. 28. *Canalisation du Doubs, de la Loue, etc.*

Lorsqu'on a tracé et exécuté le projet de canal du Rhin au Rhône, on n'a considéré que l'intérêt des points extrêmes, en ouvrant une ligne droite depuis Dôle vers le canal de Bourgogne pour arriver plus tôt vers Paris.

Ainsi on a négligé le Doubs au-dessous de Dôle, et la Loue son affluent, qui traversent une contrée riche en forêts, en mines diverses, et dont le commerce favorisé par une bonne navigation paierait largement les intérêts des dépenses à faire.

La canalisation de ces rivières prolongée par la Furieuse jusqu'à Salins traverserait la forêt de Chaux et plusieurs autres forêts fort étendues; il servirait à conduire des houilles à Salins pour l'exploitation du sel gemme, et reporterait sur la Saône le beau gypse de Salins, le sel, le fer, et toutes les productions du sol et des usines que les contrées voisines du Jura et de la Suisse expédient dans l'intérieur de la France par la ville de Salins.

Art. 29. *Canalisation de l'Oignon.*

On compte sur les bords de l'Oignon plusieurs et des plus belles fabriques de la Franche-Comté; des hauts-fourneaux, des laminoirs, des manufactures de fer-blanc, etc. Toutes ces usines importeraient de la houille par le canal, et expédieraient leurs produits à meilleur compte et avec plus de profits.

Cette canalisation servirait également à transporter les productions des campagnes voisines et des marchandises tirées du Midi.

Les bords de l'Oignon ont des mines inépuisables de fer de la meilleure qualité, dont l'exploitation se trouve réduite par la rareté ou la cherté du combustible.

Art. 30 *Canalisation du Dréjon, de la Saône à Vesoul.*

Chaque chef-lieu de département est un centre de commerce qu'il est nécessaire de mettre en communication avec les grandes rivières navigables.

La ville de Vesoul est à peu de distance de la Saône, et il est possible, sans de grandes dépenses, de canaliser la rivière du Dréjon, et de faire profiter la population de Vesoul des bienfaits d'une bonne navigation.

Cette canalisation d'intérêt local peut être exécutée par le concours de l'arrondissement et du département; mais le besoin de ces ouvrages ne pourra être constaté qu'après l'exécution des travaux de la Saône, et lorsque les habitans auront reconnu qu'une bonne navigation est une condition nécessaire de la prospérité de l'agriculture et de l'industrie des villes.

TABLE DES MATIRÈRES.

CHAPITRE VI.

AMÉLIORATIONS COMPLÉMENTAIRES ENTRE CHALONS ET LYON.

CHAPITRE VII.

TRAVAUX SUPPLÉMENTAIRES FAISANT SUITE A L'AMÉLIORATION DE LA SAÔNE.

IMPRIMERIE DE LACHEVARDIERE,
RUE DU COLOMBIER, N° 30.